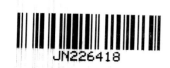

SPICEBOOK

おいしい&ヘルシー！

はじめての スパイスブック

鶏と万願寺のマサラ炒め

P79

カボチャのシナモンスープ
P84

ブラックライス
P75

BOOK

トマトのカレー
P78

ダル大根
P85

GOOD FOR HEALTH!

大人のチキンボール
P98

マジックペパー
マッシュルーム
P89

SPICE

煮込みチキンの
コリアンダーリーフ和え
P100

インド風ウェット&
ドライな野菜カレー
P99

SPICEBOOK
スパイスナッツ
P34
生姜の
芥子漬け
P73
キノコのココナッツ
クリーム煮
P87

SPICE BOOK

おいしい&ヘルシー!

はじめての スパイス ブック

GOOD FOR HEALTH!

スパイス料理研究家
カワムラケンジ
KAWAMURA KENJI

はじめに

「GOOD FOR HEALTH!」

（グッド・フォー・ヘルス）

この言葉をどれだけインドや周辺諸国の人々から耳にしてきたことかわからない。彼らにとってスパイスが健康に役立つものであることは、あまりにも常識的なことなのだ。

僕は１９９０年代前半からの二十余年でインドや周辺諸国の人々と食を介してのご縁に恵まれた。その中でも印象的だったのが、彼らが当たり前にその日の気候や自分の体調に応じてスパイスを使い分けることである。大げさな話ではなく、例えばスパイスをそのまま口に含んだり、チャイに入れたりという簡単なことだ。梅雨で蒸し暑いときはグリーンカルダモンを頬張り、胃の調子がいまひとつのときはクミンをお湯で飲み、お腹《なか》を壊したら胡椒《こしょう》やクローブを茶葉と共に煮る。もちろん、料理もある。誰かが風邪を引いたら、いつもより唐辛子やシナモンを多く入れ、便秘になればアジョワンや胡麻を入れる。これらすべてが「グッド・フォー・ヘルス」なのだ。

本書は、そんな彼らの日常の中にある「グッド・フォー・ヘルス」をテーマにスパイスの解説やレシピを提案しようというものである。

　僕がスパイスの魅力に本格的に目覚めたのは、20歳の頃だった。さらにスパイスによる身体《からだ》への影響を明確に体感しだしたのは１９９８年にインド料理店「ＴＨＡＬＩ」を開店してからだ。

　5坪の小さな屋台のような店で、毎朝8時から深夜2時まで働き詰め。そんな生活の中で、僕は咳《せき》が止まらなくなったり、急に寒気がしたり、お腹を壊したりするようになっていた。

　そんなときに我が身を助けてくれたのがスパイスだった。僕にはインドやパキスタン、スリランカ、ネパール出身の友人が多く、彼らは当たり前のようにスパイスを使った健康法を行っていた。こう言っちゃなんだが、彼らが言うことの9割は鵜呑みにはできない。しかし、体調不良が続くなかで、どれだけ怪しかろうが彼らの話を信じてみようとつい魔が差してしまったのだ。彼らの付き合いのよさも功を奏した。普段は胡散臭《うさんくさ》いくせに、深夜に困って電話をするとあっさりと出てくれる。

　また、毎日のまかないにも助けられた。ほぼ毎食、豆と野菜と漬物とヨーグルトである。これはインドやネパールの友人のまかないやプライベートの食事とほぼ同じだ。最終的にすべて混ぜて食べるのだが、この素朴でありながら刺激的なメニューは飽きがこない。スパイスは辛いものばかりではない。実は身体にやさしく、お腹いっぱい食べても胃腸にこたえないのである。むしろ、ますます食欲がわいてくるほど。お通じもよくなり、体調もすっかり回復した。僕はいつのまにかスパイスによって体質がかわってしまったのだと確信した。

　それから数年後、店を閉めて大阪に戻り、ライターとして活動を始めた僕は、多忙に身をまかせ自炊もままならず、再び体調不良になる日が増えていった。

　そんな矢先である。カミさんが大病を患ったのは。がんだった。知り合いのアーユルヴェーダや漢方の専門家にも相談した。しかし「がんだけは治せない。あくまで予防にとどまる」という答えだった。カミさんは長期の入院生活に入り、僕は仕事をすべて止《や》めて共に闘う暮らしとなった。

　結果的に、そのことが人生のリスタートになった。徹底的に食生活を改めることを決めたのだ。幸いにもカミさんの手術や抗がん剤治療もうまくいき、10ヶ月ほどで退院。今では再発もなくすっかり元気になった。

　カミさんの病気をきっかけに、スパイスとは、治療薬や特効薬のように一度の食事で効果を求めるのではなく、塩や醤油のように毎日の料理に調味料として使うことでこそ効果が表れるものだと再認識すると同時に、そのことを人々に伝えたいと思うようになった。

スパイスは紀元前から人類の必需品としてあり続けてきた。つまりヒトにとって最も身近で簡単な自然由来の生薬であり調味料ということを歴史が証明している。

今回は僕の方法だけでなく、縁のある各国各人のスパイスの使い方も含め、とにかく簡単でおいしくて、身体に効くレシピを、スパイスにまつわるお役立ちエピソードも交えつつ提案させていただこうと思う。

ほな、そろそろ始めましょうか。

ラージャスターン州にあるスパイス市場にて

目次

カレーの次はこれ！ 超お手軽レシピ

CHAPTER 3

覚えておきたい14種類のスパイス —— 39

CHAPTER
4
体調別・身体がよろこぶスパイスレシピ —— 71

身体を温めたいときに

お腹の調子を整えたい

心を整えたいときに

デトックスしたいときに

レシピ表記

スパイス、材料、作り方の順に列記。

小さじ1＝カレー粉、スパイスは約3g／塩は約8g

小さじ1＝5㎖、大さじ1＝15㎖、1カップ＝200㎖

ひとつまみ＝親指と人差し指と中指でつまんだ量（小さじ推定1/6～1/4）

少々＝親指と人差し指でつまんだ量（小さじ推定1/8～1/6）

唐辛子＝レッドペパーのこと

ホールやシードと書かれているのはすべてホールの意味。それ以外はパウダー

CHAPTER
1
スパイスは身体に効く

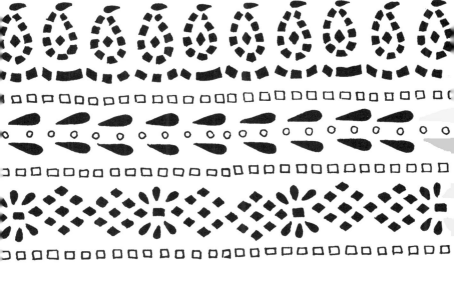

スパイスとはなにか

植物の乾燥物、そして夢のかたまり

基本的には植物を乾燥させたもので、料理に使うものを指す。と、これだけだとお叱りを受けそうなので、もっと詳しい言葉を引用させていただく。

まず、スパイス研究の第一人者である山田憲太郎氏は、スパイスを「ある特定の植物《幹・枝・皮・葉・茎・花・果実・種子・根（茎）・脂》などの各部分」からできたもので、「ある種の刺激が主体で、香気と薬効が従属するものを、飲食料品の風味を増すために用いる」ものとしている。

（『香料の歴史 スパイスを中心に』山田憲太郎／紀伊國屋新書 1964年）

そして、科学的研究を重ねながら、簡潔な説明や本場料理レシピでもって日本の食卓に謎多きスパイスの素顔を広めた、農学博士の斎藤浩氏は、「主として熱帯、亜熱帯、温帯地方に産する植物の乾燥された種子、果実、花、蕾、葉茎、木皮、根塊などから得られる物質の中で、刺激性の香味を有し、飲食物に風味を賦与したり、着色したりするとともに、食欲を増進させたり、消化吸収を助ける働きのあるものの総称」としている。（『スパイスの話』〈味覚選書〉斎藤 浩／柴田書店 1975年）

その歴史は紀元前５０００年とか、数万年とか、人類よりもはるかに古いとか、諸説があり、スパイスの種類によってもあまりに様々。数も２００種、３００種、いや１０００種以上！という話もある。僕が常備しているもの（料理用の乾燥スパイスで日本に輸入されているおよそのもの）をざっと各種系統に分けてみた。

●種子系…クミン、マスタード、コリアンダー、フェンネル、ナツメグ、メース（ナツメグの表皮）、グリーンカルダモン、フェヌグリーク、黒胡麻、白胡麻、キャラウェイ、アニス、ポピー、ニゲラ、アジョワンなど

●果実系…ブラックペパー、ホワイトペパー、レッドペパー、ベ・ローズ、スターアニス（八角）、韓国産唐辛子、チンピ（果皮）、パプリカ、アムチュール、花椒《ホワジャオ》、ヒバーチ、タマリンド（塊）など

●花蕾系…サフラン、クローブ、ブラウンカルダモン、ローズペタルなど

●葉茎系…紫蘇《しそ》、月桂樹の葉、スイートバジル、ホーリーバジル（トゥルシー）、タイバジル、ペパーミント、スペアミント、コリアンダー、カスリメティ、カレーリーフ、オレガノ、タイム、セージ、山椒、ヨモギ、青ネギなど

●木皮系…シナモン、カシア

●根塊系…ジンジャー、ガーリック、オニオン、ターメリック各種、山葵《わさび》（冷凍）、コリアンダーの根のドライなど
●その他…ヒング（樹液）
＊パウダーとホール（またはシード。原形のものを指す）を問わずに記載

家で使えるクスリ

食用としてのスパイスの最たる役割はやはり薬効だ。インド人やネパール人がチャイなどにクローブやシナモンなんかを入れてはこう言うのだ。

「Good For Health!」。

そのまま1粒を口に入れて舐《な》めたり噛《か》んだりすることもあれば、ティーもミルクも入れずにただお湯と一緒に飲む場合もある。それは我々が食卓でふりかけをかけたり、普段から飴やガムを携帯している感覚に近い。ただ我々と違うのは、それが単なる嗜好品なのではなく、体調に応じて使い分けているということだ。

特に主婦を見ているとわかりやすい。インドやネパールあたりの多くの主婦が、家族の健康を守るのは自分たちの仕事でありプライドだと言い切る。子供が乾いた咳をしだしたと思ったら、料理

に使う生姜《しょうが》やターメリックを増やしたり、お腹を壊していたらクミンを使った軟らかなご飯を炊いたり、外で働く夫が灼熱の炎天下でバテていたらグリーンカルダモンと糖分たっぷりのデザートをこしらえたり……。

ただ、ここ最近は、経済事情の変化に伴い、都心部での生活スタイルが欧米化または西洋化に急激に傾いているという。自炊が減り、外食が増え、仮に自炊をしても今までは2時間かけていた支度時間が30分くらいになっていると聞く。体調を崩したら迷わずに病院へ行き、注射や薬で治すのだという。理由は時間がないから。スパイスでは時間がかかるので多忙な人には向かない、と特に20代30代の若者たちはそう口を揃える。

今ではスパイスを薬として取り入れているのは、病院や薬局が少ない田舎や、何世代かの大家族で暮らしている家、あるいはナチュラル志向の家といったところらしい。

高度経済成長を一周し、それを振り返ってみることのできる我々日本人のほうこそ、今あえてナチュラルなものについても見改めようという意識が強いのかもしれない。

日本にもあったスパイス的家庭の医学

インドほどではないが、昭和40年代生まれの僕の世代は、母親や祖母による家庭での「食べる医

学」がまだ存在していた。喉が痛いときは、たっぷりとおろした生姜と蜂蜜の入ったお湯を飲ませてくれたり、熱に浮かされているときには、ネギや大根たっぷりの雑炊を作ってくれたり、スポーツなどで疲労したときには紫蘇のジュースを作ってくれたり……。

生姜やネギ、紫蘇は中国大陸から伝わったものとされるが、古くから日本に存在することから現在ではほぼ日本のスパイス扱いになっている。これらについてもドライタイプはあるが、とても身近で入手しやすいことから多くは生を日常的に料理に使っている。

僕はスローフードなどをテーマとして全国各地を取材する仕事もしてきたが、今でも日本流のスパイス的家庭の医学を垣間見ることがたまにある。ただ、それはやはり農家や大家族の家庭であることが多い。常に自然を身近に感じながら暮らしている人か、伝統を重んじている人か、という感じだ。どうやらスパイス生活は近代生活とは相反するところにあるようだ。

スパイス料理をすすめる理由

スパイスは「やさしい」料理

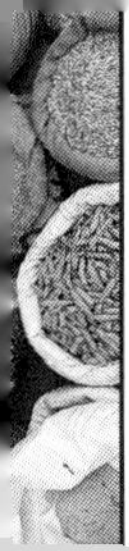

ここでいうスパイス料理とは、よくイメージされる「激辛料理」とは違う。もちろん、それも魅力の一つだが、インドやネパールのプライベートの食事、あるいは家庭料理を指している。それは、ひと言で言うならば、「やさしい」料理なのだ。

意外に思われるかもしれないが、日本でもそうであるように、家庭で作られる食事は、舌にも胃にもやさしい。これはスパイス料理の本場でも同じこと。あちらでは台所は女の城。奥さんやお母さんが、家族の身体を思って、塩や油、素材の質や量を考慮してくれているのだ。例えば男たちがたまに強い刺激や味の濃厚なものを求めて外食することはあっても、彼らはまたすぐに家に帰りたがる。家の料理が最も身体にやさしいことをよく知っているからだ。

また、大そうな什器や道具を必要としないので、お財布にもやさしい。フライパンと蓋つきの鍋とスプーンがあれば、だいたいの調理から食事まで一通り可能だ。もちろん家庭的な料理といえども、日本ではなかなか入手しにくい特殊な什器も存在する。だが、ないならないでなんとかなってしまうところもまた、インドやネパールなどに見るスパイス料理の懐の広さなのだ。

さらに、心にもやさしい。見慣れぬたくさんの種類のスパイスがあり、すべて色や香り、食感も違う。日本に入ってきている食用のスパイスは優に１００種類以上にのぼる。素材選びから始まり、切り盛り、さらにスパイスはホールとパウダーで使うタイミングが違ったりと何かと手が焼ける。しかし、時間と共に匂いや色が変化していき、出来上がったときの達成感はもちろん、食べた

ときの感動はひとしお。気がつけば頭の中から仕事のストレスなどは吹っ飛んでいるはずだ。

いちばん嬉しいのは、健康に役立ってくれることだ。すべてがスパイスで治療できるとは思わないが、少なくとも予防や体調維持、疲労回復には役立つことを体験的に確信している。少々の風邪や胃腸の不調などはまず治る。多くのスパイスがインドの伝統医学アーユルヴェーダや中国で生まれた漢方医学で多用されている。ただ、何事も極端はご法度《はっと》。スパイスもクスリなわけだから、副作用も大いにありえる。

それをなくすためにも、大事なのはやはりバランスだ。料理には、複数の種類のスパイスを使い、さらに野菜や肉、魚などの素材、また加熱や流水といった動的作業も加わる。その目的はすべて、バランスをとるためである。薬効や栄養はもちろん、食べやすい形や硬さに、味を調えるための作業。偏らないことがスパイス料理でもあるのだ。

いかにしてインドやネパールなどスパイス文化圏に続く伝統を、遠く離れた日本の我々が役立てることができるのか、というところが本書のポイントである。はじめてスパイスに触れる人でも楽しめるようできるだけ簡単なものを集めてはいるが、中には1時間以上かかるものもあるので、ぜひ休日にでも試していただきたい。

スパイスを使うと身体が変わる

スパイス食で身体に起きた変化

身体の変化はいくつもあるが、まず僕個人のスパイス食のありようを話すと、特に20代の後半あたりからインドの家庭で作られるようなやさしいスパイス料理を食べはじめ、30代前半くらいで、毎日のように食べるようになった。が、30代後半からスパイス料理と現代日本のなんでもありの食の間を行き来するようになり、40代前半、カミさんの病気以降は再びほぼ毎日である。

この暮らしの中でまず言える大きな変化は、お通じがよくなることだ。スパイス料理を習慣にしていると、便秘になりにくいだけでなく、便の状態や匂いもよくなる。もちろん食べる内容にもよるわけだが、僕の料理の特徴としては豆と野菜が主体で、そこにヨーグルト、漬物、おかず的なものが加わる。また、自分のために作る料理は、なぜだか肉や魚介、ニンニクを積極的に使わなくなっている。ただ、仕事柄、外食は人一倍多く、そのたびに特殊な素材や濃厚な調味料、旨みを摂取している。そのような食事をすると、また自分の料理を食べておかなきゃという感じになるのだ。

次の変化は、寝込むようなことがなくなったこと。むろん、これは食べ物だけが理由とは断言できないが、とにかくスパイスと触れる密度が急増した30代前半頃からの現象である。それでも風邪

は引くが、以前のように酷《ひど》くはならない。喉が痛くなったり、身体が火照《ほて》ったり、逆に冷えたり、そんな症状が出るとすぐにスパイスで対処しているからだと思う。

もうひとつ。少しの素材で満足できることが増えた。僕の料理は下手をすると素材が豆とタマネギだけってこともある。一時期、日本では30種類の素材を食べなきゃ健康になれないといわんばかりのムードがあったが、まったく逆行している。言い換えれば、それほどスパイスはいろんな刺激を与えてくれるということでもある。辛さはもちろん、甘さや酸っぱさ、時に心地いい苦みもある。また色や香り、味、食感などにも大きな影響をもたらす。スパイスは画材や楽器のようなもので、まったく同じレシピで料理をしてもその時々で奏でる音の質が微妙に変わる。それがわかってくると、これまた面白くてしょうがない。

さらに、緊急事態にもスパイスは役立つ。例えば、激しい腹痛に襲われたとき、歯が痛くなって眠れないとき、身体の緊張を解き放ちたいとき、また擦り傷や切り傷を負ったときなど、意外なほど助けてくれるのだ。

スパイスは確かに薬効を持っている。そしてスパイスは日常の調味料の感覚で活躍させることができる。こんな都合のいいものは他にないのではないか。

COLUMN.1

おすすめの道具

スパイス生活の道具といえばまずは臼。実に便利だし、部屋の飾りとしても楽しめる。臼は世界各国にあって、その質や形状、デザインも様々。使用目的に応じた臼を選ぶべきだが、そんなに神経質になる必要はない。それこそ潰《つぶ》しが利く。

カワムラ所有のあれこれ。直径6〜12センチ。

バンコクの市場にて。フレッシュを多用するので、大型のつき臼が多い。

漢方薬局にある乳鉢だって使える。

臼 は大別して、つき臼、ひき臼、すり臼がある。つき臼は餅つきに使うときのように容器とつき棒がセットになったもので、スパイスに使う場合は、台所の作業台や食卓におけるこぢんまりとしたものがいい。フレッシュ、ドライ共に使いやすく、南アジアから東南アジアでおそらく最も多用されている形である。ヨーロッパでもよく見かける。木製、石製、陶磁製、金属製などがある。ひき臼は、円形の下臼と上臼に分かれ、上臼の穴から主に米穀類を落としこみ、上臼を回転させることで挽《ひ》き潰していく。中国をルーツとするが、インドの農家や日本でもそば屋などでたまに見かける。ただしスパイスは形状が様々な上、硬いものが多いのであまり相応《ふさわ》しくはない。すり臼は板状の下臼の上を、棒状の上臼で引きずるようにして使う。主に米穀類を挽くものだが、インドや東南アジアではスパイスを潰す目的で使われている。ほとんどは石製。この中で最も使いやすいのは、つき臼タイプで、ドライスパイスはインド系が、フレッシュスパイスは東南アジア系のものがいいように思う。

電動ミル ジューサータイプのものでもいい。風情はないが量が多いときはこれが楽。パウダースパイスだけでもおいしい料理は可能だが、やはり挽きたては香りが立つ。ただし国産のミルは故障しやすいので、できるだけスパイス専用、または丈夫そうなものを探すべし。特にシナモンやビッグカルダモン、ナツメグなど、大きくて硬いものは故障の原因となる。その際は、臼である程度まで潰してから機械で挽くなど工夫を。両方を揃えておくとベスト。

北インドで最もポピュラーなタイプのボックス。塩とスパイス6種でほとんどのことはできる。

保管容器

インド産のステンレス製スパイスボックスがあると便利だが、手に入らない場合は100円ショップなどでも売っている、ガラス製の密閉容器でも十分である。容量は購入する量やペースによるが、日本のメーカーが出している小瓶サイズなら100mℓ容量で楽々入る。輸入食料品店や専門店なら、例えばパウダー100gの場合、250～300mℓ容量の器に収まる。インドには木製のスパイスボックスも存在するが、一般的に考えて、木製は密閉率が低く、場合によっては湿気を含んでしまうこともあるので、自信がなければやめたほうがいい。ほとんどのスパイスは紫外線、酸化、水分を嫌う。

その他（本書で使っているものも含む）

- 調味用のスプーンを決めておく（小さじやティースプーン）
- エプロン（色の濃いもの）
- ステンレス製のボウルやザル、バット
- おろし金
- ジューサーまたはミキサー
- フードプロセッサー
- ヘラ（木製がいい）
- レードル（90mℓ容量くらい）
- 菜ばし
- 爪楊枝
- 竹串（鉄串でもOK）

あると便利な道具

- 圧力鍋
- 蓋つきの鍋
- 中華鍋など鉄製のフライパン
- 焼き網

CHAPTER 2

はじめてのスパイス

世界各地に点在する無数のスパイス。スーパーに行くと棚いっぱいにスパイスが並んでいて、いざ、スパイス生活を始めようと思っても、いったい何から手をつけていいのかわからない！　そんな人におすすめしたいのが、カレーだ。カレーは最低限のスパイスで手早く簡単に作れて、なによりうまい。

はじめてのスパイス料理、まずは、10分でできる超簡単カレーから作ってみよう。

基本のスパイス　まずはこの3種類!

まずは基本中の基本、これだけは常備しておきたいというスパイスを3種紹介したい。

インドでも、特に北インドの料理ではこの3種のスパイスが大黒柱となっている。北インドといえば、バターや牛乳、ヨーグルトなどの乳製品を多用し、なおかつ南インドに比べてスパイスの種類や量も多くて刺激的である。

しかし、日本のカレーと比べると、スパイスはおとなしいし量も少ないし、辛くない料理もわんさかとある。特に家庭料理はとてもシンプルでやさしいのだ。北インドではどの家にもステンレス製や木製のスパイスボックスが置かれている。だいたい5、6種類入るサイズのボックスが主流だが、この3種は必ず入っていて、それ以外は家庭によってちょっとずつ違う。とにかくこの3種は、絶対に知っておくべき、スパイスの大黒柱だといえる。

01

ターメリック

TURMERIC

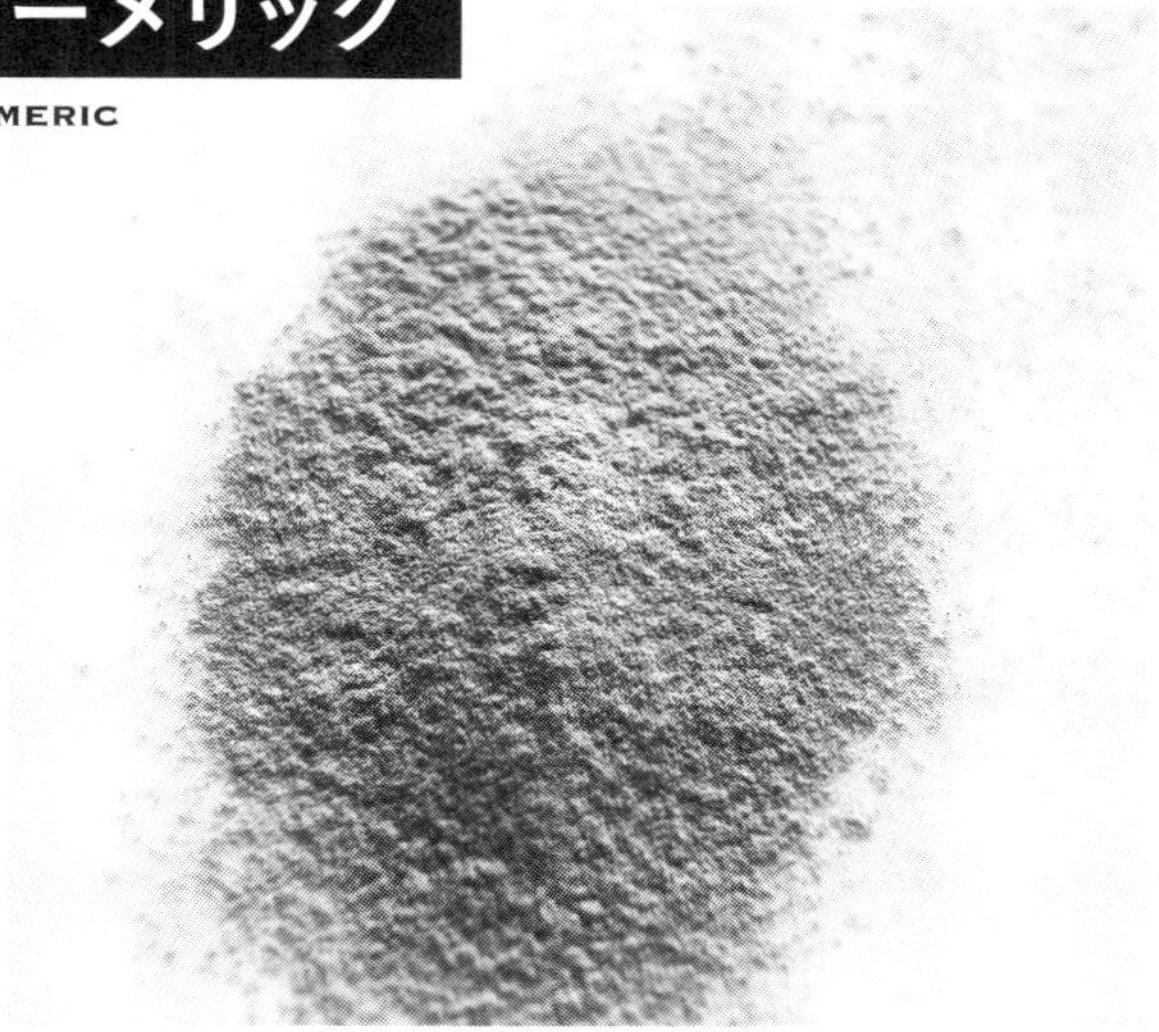

肝臓強化、肌の浄化、抗菌など夢の万能薬

本場インドでもフレッシュを使うことは極めて稀。ほとんどはパウダーを使用する。生姜の仲間だが熟成、煮沸を経ているので辛みはない。環境や品種によって色や風味に違いがあり、インド人はほのかな甘みのあるものを好む。抗酸化作用、健胃腸、肝機能の強化、傷の治癒、美肌効果など夢の万能薬として古くから使われ、料理では、抗菌、滅菌剤として、肉や魚の下ごしらえにも使う。南アジアの広くで最も多用するスパイスである。

日本ではウコンとして知られる。黒、白、春、紫など各種あるがスパイスには秋ウコンを使う。ものによっては苦みやえぐみが強いことがあるので、その場合は一度軽く煎って容器に保存しておくと嫌な味は抜ける。

02

クミン

CUMIN

健胃整腸や下痢止めなど特に夏バテ回復薬

紀元前より、エジプトやインド、ヨーロッパでは薬として使われてきたというスパイス。苦みやえぐみが強いため、単体ではあまり使わない。カレー粉やピクルスミックス、南米のチリパウダーのように、混合することで香ばしい風味だけがバランスよく引き立つ。

特に酷暑の南アジアでは、腹痛や下痢の治癒薬として、また興奮剤として、料理においては防腐剤として日常的に使われている。シード（種子）、パウダー共によく使うので、できれば両方購入しておきたい。シードは料理の最初に油で炒めてから、パウダーは料理の最中に調味料感覚で使ったり、仕上がった料理が物足りないときなどに振りかけると香ばしさが出る。カレー粉やガラムマサラには必須。

03

コリアンダー

CORIANDER

生もドライもビタミンやミネラルが豊富な日常薬

葉はパクチー（タイ語）として有名だが、ここでは上品な甘い香りの乾燥種子を指す。生理痛や不眠を癒す安定剤、健胃整腸剤として、クミンと並んで紀元前から使われてきたスパイス。カレーはもちろん、ヨーロッパではピクルスミックスやビールに、古代エジプトではワインにも使われたとか。肉料理に使う際は煎ってから使うと風味が増す。

まずは、パウダーを購入してみてほしい。ホールもある程度使うが、なくても不自由はない。ターメリックやクミンと同様、ものによってはえぐみが強いことがあるので、その場合は軽く煎ってから使うと雑味はかなり軽減する。しっかり煮込むことで味に深みが出てとろみもつく。カレー粉やガラムマサラには必須。

オリジナルのカレー粉を作ってみよう！

世の中には数え切れないほど色々なカレーがあるが、最低3種のスパイスがあればカレーは作れてしまうのだ。種類をたくさん入れればいいというわけではない、というのもスパイスの面白いところ。というわけでさっそくレッツカレー！　スパイス生活を始めよう。

❶次の3種のスパイスを1パックずつ買ってくる。
❷3種のスパイスをボウルなどに入れ、木べらなどで混ぜ合わせる。

以上、これだけで出来上がり！　超簡単！

比率は以下の通り、覚えやすい。

- ターメリック：1
- クミン：1
- コリアンダー：1〜3

（＊多いほどに味に深みととろみが出る。さっぱりは1に近く、ディープにするなら3に近くする）

基本は、この3種で十分美味しいカレーになるが、ちょっとアレンジしたいときによく使うスパイスとその比率または上限はこちら。

- レッドペパー：0.1〜1（激辛注意）
- クローブ：0.1〜0.3
- パプリカ：0.2〜1
- フェヌグリーク：0.2〜0.5
- シナモン：0.2〜0.5
- グリーンカルダモン：0.3〜1
- 胡椒：0.2〜1（なかなかに辛い）

〈作り方〉

パウダーを混ぜ合わせるだけ。ホールを挽いてから使う場合はできるだけふるいにかける。

〈保管方法〉

ステンレスやガラス製などの密閉容器に入れて常温または冷蔵保存。木製やプラスティック製の容器に入れて常温保存しても腐ることはないが、1ヶ月以内くらいの間に使いきったほうがいい。

〈注意〉

できるだけ直射日光に晒さないこと。

10分でできる超簡単カレー

もりもり野菜のやさしいカレー

カレー粉のみ！ お子さんや年配の方も安心して食べられる！

材料（2人分）

スパイス

◎**カレー粉**……小さじ1.5

ジャガイモ……200g（皮をむいて1～2センチのさいの目切りにし、水に3分ほどつける）

ニンジン……100g（皮をむいて1～2センチのさいの目切り）

シシトウ……4～5本（ヘタを取って輪切り。なければピーマンでも可）

トマト……トマト缶カットタイプ100g（フレッシュでも可）

ガーリック……1/2片（粗みじん切り）

塩……小さじ1/3～1/2

サラダ油……大さじ1

水……1カップ～

作り方

❶鍋を火にかけてサラダ油、ガーリック、水気を切ったジャガイモ、ニンジンを入れて炒める。

❷ジャガイモに透明感が出てきたら、塩、カレー粉を入れ、混ぜたら蓋をして蒸すようにして約3分炒める。焦げつきそうな場合は水を1/4カップほど入れる。

❸水1/2カップを加え、さらに3分ほど煮る。

❹ジャガイモに十分に火が通り、全体が馴染んできたらトマトを加え、2、3分煮る。

❺残りの水を加えて混ぜる。ここで好みの水分量に合わせる。

❻ジャガイモやニンジンが柔らかくなったらシシトウを加える。

❼塩味を確認したら器に盛りつけ出来上がり。生姜の千切りをトッピングするとなおうまい。

02 オクラとトマトのドライカレー

カレー粉＋パウダー1種 ちょっと辛みをつけるとすっきりうまい！

材料（2人分）

スパイス

◎**カレー粉**……小さじ1.5～2

◎**レッドペパー**……小さじ1/5くらいまで好みで

オクラ……20本（流水で洗いヘタを取って3等分に切る）

トマト……トマト缶カットタイプ200g（フレッシュでも可）

ガーリック……1/2片（粗みじん切り）

塩……ひとつまみ

サラダ油……大さじ1

作り方

❶鍋を火にかけてサラダ油、ガーリック、水気を切ったオクラを入れて炒める。

❷塩とスパイスのすべてを入れ、2、3分炒める。

❸トマトを加え、蓋をして蒸すようなイメージで炒める。

❹オクラに完全に火が通り、しんなりとしかけたところで器に盛りつけ出来上がり。

03

鶏肉とキノコのカレー

カレー粉+ホール2種+パウダー1種
10分調理でもうまみをみっちり引き出せる!

材料(2人分)

スパイス

◎**シナモンホール**……5センチ
◎**クミンシード**……小さじ1/2
◎**粗挽き黒胡椒**……小さじ1/4(好みで)
◎**カレー粉**……小さじ2

タマネギ……1/4個(粗切り)
鶏もも肉……170g*皮つき200g程度(皮を取り、1〜2センチほどに細かく切る)
シイタケ……2枚(いしづきを取り、1〜2センチのさいの目切り)
シメジ……1/2パック(根を取り、ほぐす)
マイタケ……1個(根を取り、ほぐす)
ガーリック……1/2片(粗みじん切り)
生姜……5ミリ分程度(せん切り)
塩……小さじ1/3〜1/2
牛乳……1カップ
サラダ油……大さじ1
バター……小さじ1
水……1カップ
ブロッコリースプラウト……適量(好みのハーブでもよい)

作り方

❶鍋にサラダ油とシナモン、クミンシードを入れてから、火にかけて弱火でじっくりと加熱する。
❷クミンシードから小さな泡が出てきたら、バターを入れ、タマネギ、ガーリックを炒める。
❸3分ほど炒めてタマネギに透明感が出てきたら、鶏肉を加え色が白くなるまで炒める。
❹先にシイタケを入れ2分ほど炒めたら、他のキノコ類、残りのスパイス、塩を入れる。
❺強火にして水を加え混ぜる。煮立ったら牛乳を加えて混ぜる。
❻3、4分煮込み、とろみが出てきたら火を止める。
❼器によそい、ブロッコリースプラウトまたはハーブと生姜をトッピングしたら出来上がり。

カレーの次はこれ! 超お手軽レシピ

クリスピーな歯応えで
こんがり香ばしいオイル

ガーリックオイル冷奴

材料（2人分）

スパイス

◎**ガーリック**……15gほど＊大3片くらい（スライスしておく）

◎**唐辛子**……1本（ヘタを切り種を取り除く）

太白胡麻油……1/2カップ

塩……ひとつまみ（粗塩がベスト）

豆腐……300〜350g

作り方

❶フライパンに油と唐辛子とガーリックのスライスを入れて中火にかける。

❷ガーリックから小さな泡が出てきたら火力に注意しながら時折混ぜたりして揚げる。弱〜中火。

❸5分ほどで薄めのキツネ色になるくらいがちょうどよい。クリスピーになっていれば火を止める。

❹そのまま常温で冷ましておく。

❺器に豆腐を盛りつけ塩をひとつまみ振りかける。

❻ガーリックごと油を上からたらしかけて出来上がり。

※青ネギの刻み、おろした生姜などを合わせてもおいしい。

どんなカレーともよく合う!
長粒米ならより本格的

クミンライス

材料（2人分）

スパイス

◎**クミンシード**……小さじ1/2

◎**唐辛子**…1本（好みで入れなくても可）

米……3合

塩……少々

ギー……小さじ2（なければバター大さじ1）

水……適量

作り方

❶米を洗ってざるにあげておく。香り米（長粒米の一種）の場合はさっとほこりを洗い流すだけよい。

❷鍋を熱しギーを入れてからクミンシード、唐辛子を炒める。

❸クミンシードから小さな泡が出てきて油に香りが移ったら米と塩を入れてよく混ぜる。

❹炊飯器に移し、水を加えて炊き上げる。長粒米の場合は水を1割ほど多めに入れるといい感じに炊けるはず。

❺炊き上がったらライスを軽く切るように混ぜ、5分ほど置いたら出来上がり。

ちょっとの手間で
本格スパイシーおやつに

スパイスナッツ

材料(2人分)

スパイス

◎**好みのカレー粉**(冷蔵庫に眠っているガラムマサラでも可能)……小さじ2〜大さじ1

カシューナッツ……100g
塩……小さじ1/3〜1/2
サラダ油……適量

作り方

❶フライパンに油を熱しカシューナッツを入れ、ゆっくりと3分ほどをかけて混ぜながら揚げる。弱〜中火。
❷キツネ色になったところでざるに取り上げ、すぐにカレー粉、塩をまぶす。
❸塩加減がよければそのままで5分ほど置いて出来上がり。

鶏やエビの天ぷら、唐揚げ
何にかけてもおいしい！

“塩《シオ》・椒《ショウ》・椒《ショウ》“

材料(2人分)

スパイス

◎**花椒**(粉末)……1〜2g(花椒の質、好みによって調節を。あまり入れすぎるとシビれてくるので要注意)

◎**粗挽き黒胡椒**……1〜2g(白胡椒でも可。色が明るくなる)

塩……25g(煎った状態)

作り方

❶鶏やエビなど、好きな天ぷらか唐揚げを買ってくる。
❷フライパンを中火で熱し、お玉やスリコギなどを使い、ダマが残らないように細かく潰すようにして混ぜながら塩を煎る。
❸細かくなり、全体に火が入り湿気が飛んだら花椒と粗挽き黒胡椒を入れさらに混ぜる。
❹全体がよく混ざったら火を止め容器に移しておく。常温になるまで冷めたら密閉容器に入れて保存する。
※花椒を自分で挽く場合は大さじ2をミルで粉砕して濾し器などでふるう。大さじ2弱(約8g)が大さじ1強(5g)ほどになる。

野菜の感覚でどっさり入れて
さっと炒めたら出来上がり

コリアンダーチャーハン

材料（2人分）

スパイス

◎**マスタードシード**……小さじ1/3
◎**フレッシュコリアンダーの葉と茎**……2～3本
（好みでレッドペパーを入れてもおいしい）

卵……2個
好みの五穀ご飯……2合
塩……小さじ1/3～1/2
サラダ油……大さじ1

作り方

❶フレッシュコリアンダーを5ミリほどの粗切りにする。
❷卵をボウルに入れて溶いておく。
❸フライパンに油とマスタードシードを入れて火にかけ、マスタードシードが弾け出したところで卵を炒める。＊マスタードシードはぱちぱちと弾け飛ぶので火傷に注意。
❹すぐに五穀ご飯を入れてほぐしながら炒める。
❺塩を入れて全体をよく混ぜたら、仕上げにフレッシュコリアンダーを入れる。

カレー、ステーキほか
揚げ物や焼き物のお供に

オニオンの即席漬け

材料（2～3人前）

スパイス

◎**ターメリック**……少々（小さじ1/4ほど）
◎**レッドペパー**……少々（小さじ1/5ほど。好みで調節）

タマネギ……1個（粗めにざっくりと切る）
塩……小さじ1/3～1/2
レモン果汁……小さじ2～大さじ1

作り方

❶タマネギに塩小さじ1/3をふって5分ほど置いておく。
❷スパイス、レモン果汁を入れてよく和え、塩味をチェックする。足らないようなら調整する。

スパイス2種で作る！
できれば砂糖にこだわって

チャイ

材料（2人分）

スパイス

◎**シナモンホール**……3センチくらい（パウダーなら小さじ1/4）

CTCアッサムティー（チャイ用の茶葉）……小さじ2
砂糖またはキビ砂糖など……小さじ2〜4（好みで）
水……1と3/4カップ
牛乳……2カップ
*メイプルシュガーもおすすめ

作り方

❶鍋に水とシナモンを入れて沸かす。沸いたら茶葉を入れて中火で約2分煮る。
❷牛乳を加えて軽く混ぜる。
❸吹きこぼれそうになったら火を弱めて、約1分煮る。
❹最後に砂糖を加え火を止め、茶漉しを使ってカップに注げば出来上がり。シナモンを取り出して浮かべてもいい。

冷たいものによく合う
スパイスもある！

ラッシー

材料と下ごしらえ（たっぷりの1人前）

スパイス

◎**グリーンカルダモン**……表皮を捨てて中の種子のみを潰す（なければパウダーでも可）

ヨーグルト……150g
氷……3個（または水1/4カップでも可）
砂糖またはキビ砂糖など……小さじ2ほど

作り方

❶ミキサーを用意し、中にヨーグルトと砂糖と氷とスパイスを入れてミキシング。ミキサーがない場合は氷の代わりに水1/4カップを入れてよく攪拌するとばっちり。

❷コップに注いで出来上がり。ホールから潰した場合、最後に粗い粒が出てくるのでそれを口に入れて噛み潰すと爽やか。

COLUMN.2

スパイスの保存方法

ほとんどのスパイスはよい環境なら最低でも5年は持つといわれている。乾燥させることが何よりの保存方法だ。しかし紫外線と湿気によって一気に色や風味が抜け落ちたり、湿気や雑菌によってカビがついてしまうこともある。日本の大手企業や外国の老舗企業などでは、そういう目には見えない部分こそしっかりと管理してくれているが、激安系ショップの中には、劣悪な品質のものをたまに見かける。とはいえ、一般的にはなかなか見抜けないので、P.103のショップリストを参考にしていただければと思う。

パウダー

日陰で通気性のいい場所で。ほとんどのスパイスは温度よりも紫外線と水分に弱い。もちろん冷蔵庫でもかまわない。適した場所がない場合は、専用棚を用意するか、現状のどこかにスペースを作ってまとめて置いておくのがいい。

ホール

紫外線の入りにくい通気性のいい場所にて保管。できれば1gサイズの乾燥剤シリカゲル（脱酸素剤ではない）を入れておくとなおいい。ナツメグやシナモン、ローリエなど大きなものは、密閉できる保存袋に入れよう。

リーフ（ドライ）

カレーリーフやミント、バジルなどは、しっかりと密閉できる保存袋などにそのまま入れて保存するのがいい。こちらも乾燥剤を入れるとなおベター。紫外線の入りにくい通気性のいい場所にて保管。

リーフ（フレッシュ）

コリアンダーなら根を切らずに、濡らした紙をあてて、保存袋で密閉して冷蔵保存。4、5日以上持たせたい場合は、根を落とし、使いやすい大きさに切り（カレーリーフならリーフを取り）、保存袋で冷凍が可能だ。

ガーリックと生姜（フレッシュ）

ガーリックは皮を剝いて水洗いしてから保存袋に密閉して冷蔵または冷凍保存が可能。生姜は水洗いして保存袋で冷蔵、または皮を剝いておろしたものを保存袋に入れて平たく板状にして冷凍。使いたい分だけ割る。

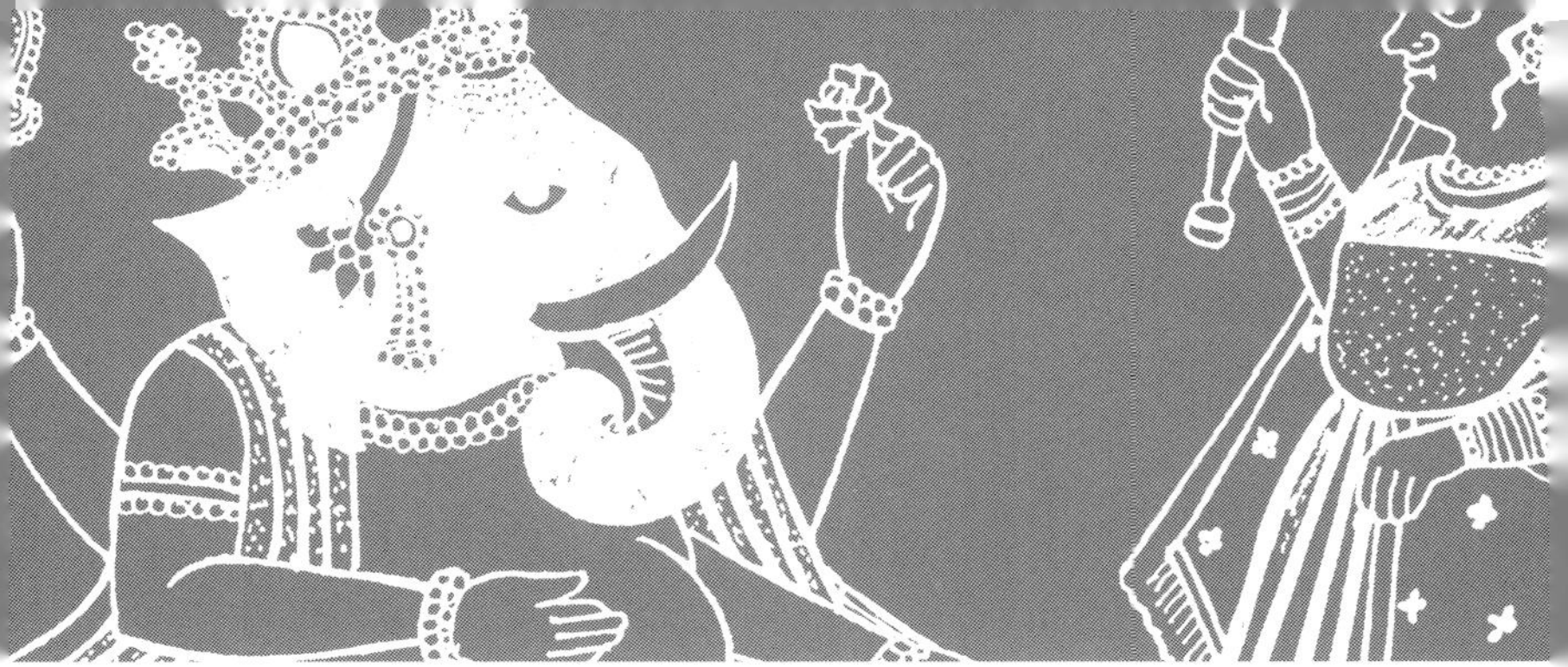

CHAPTER 3

覚えておきたい 14種類のスパイス

代表的なスパイスや本書レシピで使うスパイスをご紹介。味や薬効、おすすめの常備量などの説明はもちろん、スパイス生活の中で体得してきた僕個人の体験談やエピソード、また本場の人々の習慣や、専門家の目線も収録している。中には、ほんまかいな〜的ファンタジックな言い伝えも。実用参考はもちろん、夢も馳せていただければ幸いだ。

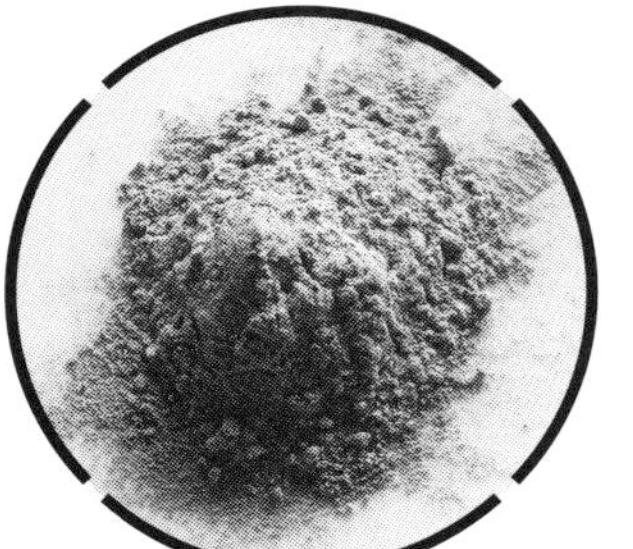

01

ターメリック

TURMERIC

抗菌、止血、健胃胆など毎日でも使える黄色い万能薬

主な使い方

南アジアで大切なスパイス。肉や魚介類などの下味としても多用する。

味

ほのかな甘みがある。直輸入品の中には時々苦みやえぐみの強いものが混ざることも。

主な効果

抗菌作用。肝機能亢進や抗ウイルス活性の期待。月経不順や健胃作用、美肌など。継続的に摂取すると記憶力や空間認識力に好影響をもたらすとも言われる。

常備量

30g以上。紫外線に当たると色が褪せてくるので密閉容器で暗所に保管。

特長

南アジアで最もよく使うキング・オブ・スパイス。薬、着色料としても使う。

その他

沖縄ではウコンと呼ぶ。春、紫、秋、黒、白など種類があり、スパイスとして使われるのは秋ウコン。オレンジ色に近い黄色で色が鮮やか。

主な産地

インド、東南アジア、沖縄など

「THALI」時代にガラスの破片で手を切ってしまったことがあり、周囲のインド人たちが傷口にターメリックをかけろと言うので恐る恐るぱらり。するとすぐに血は止まり、化膿せず数日できれいに治ったことがある。彼らの噂通り、ターメリックは確かに傷薬であった。

料理でも肉や魚介類の下味として使っているのをよく見かける。ネパールの山中で川魚レストランを営むジャヌカさん（P110＊1）は、1尾の魚に対しターメリックをひとつまみずつ振りかけ、30分ほど置いてから油で揚げる。「ターメリックは抗菌剤。魚のような生ものには特に必要ね」。

西インド出身の主婦ラタさん（＊2）は美容にも使えると言う。「バターやク

左上：川魚マスにターメリックをまぶして約15分（ネパール）
右上：各種のウコンが並ぶ沖縄の市場
左下：秋ウコンのドライスライス
右下：根茎から芽を出しぐいぐいと伸びていく

論文：抗ウィルス活性の文献：Sathishkumar M., Sneha K., Yun Y.-S., Bioresource Technology, 101, 7958–7965, 2010.
神経伝達物質の文献：Pyrzanowska J., Piechal A., Blecharz-Klin K., Lehner M., Skórzewska A., Turzyńska D., Sobolewska A., Plaznik A., Widy-Tyszkiewicz E., Pharmacol. Biochem. Behav., 95, 351-358, 2010.

リームチーズに練り込んで、それを肌や顔に塗ると綺麗になるね。吹き出物やニキビなどじぇったい治る。あと、蜂蜜と合わせて小さじ1杯だけ舐めるのもいい。血液が綺麗になる。人によって使う量や服用期間は違う。継続が大事」。

東インド出身の料理人アリムルさん（＊3）は「子供の頃、フレッシュターメリックのジュースをお母さんがよく作ってくれた。風邪、胃痛、しんどいとき、なんでも効く。あと身体に塗ると美容になるし、魔除けにもなる。結婚する男女は顔や手に塗りつけ3日後に式を挙げます。洗わずそのままにしておくことでグッドエネルギーが宿るのです」。

近畿大学薬学部（＊4）の学生たちにも調べてもらったら「確かに喉の痛み、関節痛、健胃、潰瘍の内服、また疲労回復に役立つというデータがある。古代から万能薬として重宝されてきたことは間違いない」とのことだった。

科学的分析や感応検査、また論文調査などを進めていくと、古くから抗菌に関する資料が山ほど残されていることに驚く。ほか、肝機能亢進や抗ウィルス活性の情報もあった。最近の論文では、ターメリックを継続的に摂取することで、神経伝達物質量に影響を与え、記憶力や空間認識能力に影響するという報告も。我々日本人もぜひ家庭の必需品としたい。

02

クミン

CUMIN

小粒だが頼りがいあり。特に夏バテ時に期待大。香ばしい整腸剤

主な使い方

ターメリックと並ぶ基本スパイス。テクス・メクス料理のチリパウダー。西洋の煮込み料理など世界各国で使われている。

味

深い香りをもたらす。フライパンなどで乾煎りしてから使うと香ばしさが増す。

主な効果

健胃・整腸作用。食欲増進、消化促進。古代エジプトではアニスやシナモンと共にミイラの防腐剤として使われてきた。一説には興奮作用があるとも。

常備量

シード、パウダーいずれも30g以上。シードだけを購入し、使うたびに粉砕してもよい。

特長

アジア・スパイス料理の風味の柱となる。比較的、農薬の使用頻度も低いとの噂。

その他

シードはキャラウェイやフェンネルと形が似ている。パウダーはコリアンダーやガラムマサラと似ている。

主な産地

イラン、インド、スリランカなど。

古代より、下痢止めや整腸剤として使われてきたと、多くの書物や諸外国の人から聞く。クミンはインドのみならず、周辺諸国、中近東まで広いエリアでメイン格の一つとして多用されている。特にお腹の調子を整えたいときの定番で、粗潰ししたものをお湯で飲んだり、胡椒やクローブなどと併せてチャイに入れるなどして服用することもある。

世界の旅人であり、アジアンキュイジーヌの料理人でもある片倉昇さん（＊5）が語る。

「昔、モロッコでお腹を壊しまして。水が変わったからか旅の過労か、という感じの不調で。そんなときにフランス系モロッコ人がクミンシードを手のひらでぐりぐりともみだし、これを飲めと言うん

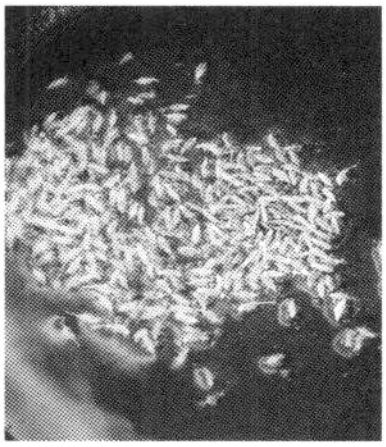

左：インド料理では最初に油で熱してから使うことが多い
右：色の濃いほうがより香ばしいローストしたパウダー

ですよ。しばらくして確かに楽になりました。単に休んだからか、クミンが効いたのか、いまだにはっきりとはわかりませんけど。でも、モロッコ人の多くが同じようにクミンでお腹の調子を整えていたことは確かなようです」

　アーユルヴェーダを日常的に行っているといわれるスリランカの料理人ランジさん（＊6）はこう話す。

「クミンが身体にいいことはスリランカ人なら誰でも知ってる。例えばお腹痛いのとき、こうするね。クミンひとつまみをフライパンで煎《い》ってからパウダーにして、そこにお湯1カップを入れて混ぜる。1日3回飲む。治る〜」

　西インドの主婦のラタさんもちょっと似た感じ。

「クミンシード小さじ1をフライパンで煎ったら火を止めて、温度がさがって少し硬くなったらごりごり潰して、それをお口でカミカミ。最後に水を飲んでOKね。お腹痛いのじぇったい治るよ。インド、夏暑い〜。でも、これで元気」

　料理に使う際は、粉末は入れすぎると味が濃くなりすぎるのと、時にえぐみが出てしまうので、コリアンダーやシナモンなど他のスパイスとバランスよく使うのがコツ。南アジアのカレーならターメリック以上、コリアンダー未満で。主張したい場合は乾煎りすると香りが増し、えぐみは消える。

　粉砕する際は、使う直前につき臼で潰すか、ミキサーで製粉すると特有の深い香ばしさが溢れる。

03

レッドペパー（唐辛子）

RED PEPPER

ほどよく使えば食欲増進し、発汗作用により清涼感が得られる

主な使い方

煮物、炒め物、スープ料理、薬味に。油や泡盛に漬け込み、液体調味料としても使える。大量に使うとのどや胃が荒れてしまうので要注意。

味

品種にもよるが、フレッシュでよく熟したものはわずかにフルーティな酸味をもつ。

主な効果

辛さ成分であるカプサイシンが食欲を掻き立てる。強い刺激により発汗が促進され、特に乾燥した酷暑の中では一時的に清涼感を得られる。ただし大量摂取は粘膜や肝臓に悪影響という説がある。

常備量

10g程度。各自の好みに応じて。密閉容器で暗所に保管。

特長

あらゆる料理に使える幅広さと安定した供給環境が魅力。種類も豊富。

その他

チリペパー、カイエンヌペパー、辛みがなくほのかに甘いパプリカ、やや苦みもあるピーマンやシシトウなどすべてトウガラシ属の仲間。

主な産地

中南米、インド、中国など世界各国。

健康系ではないがこんなエピソードがある。それはネズミの駆除剤だ。「THALI」は2階建ての長屋で、ある頃からネズミが天井裏を横行しだし、やがて壁のどこかをガリガリと齧《かじ》りだしたのだ。そこで僕はインドの何人かの知人に相談し、この小さな飲食店にぴったりの方法を見つけた。それがインド式スパイス駆除である。やり方はいくつかあるらしいが僕がやったのはこう。最初にフライパンで油と共にたっぷりの粗挽き唐辛子を熱する。ほどよくエキスが出たら今度は常温まで冷まし、激辛タイプの細かいパウダーを練り混ぜるのだ。これを穴の付近にたっぷりと塗っておくのである。インド人が得意気に言うほど疑心暗鬼になるが、実際にやってみたらこれ

左上：種を取りハサミで刻むときんぴらごぼうなどに使える
右上：沖縄の島唐辛子、本州の八ツ房唐辛子など日本にも色々
左下：同じペパーでもパプリカは甘い
右下：プランターで簡単に栽培できる

がよく効いたようで、塗った日の夜から姿を見なくなった。

ちなみに巷でよく聞く脂肪燃焼の体感はまったくない。それどころか、ほどよい辛みがかえって食欲を掻き立てる。

一応、効能について周囲に尋ねると、西インドの主婦ラタさんが面白い。

「私の実家、家族10人以上。ぜんいんベジタリアンよ。辛いの食べない。でも辛いの好きなお兄さん一人だけいた。その人、いつも怒ってるみたい。声が大きい！ 言葉も悪い！ すぐファイティングする。辛いの、あまり食べると心に悪い。じぇったい」

意外にも、レッドペパーを苦手とするインド人やネパール人は数多い。家に常備していないというインド人もいるほど。ま、本当か嘘かはわからないけど。

レッドペパーはアメリカ熱帯地域が原産地の一つとされているが、とにかく気候風土への順応性が高く、いまや世界に100種類近くの品種が存在するともいわれる。元々、辛みといえば胡椒が常識だったタイやカンボジアも16世紀頃に栽培が容易なレッドペパーが優勢になった。最近は日本でもたくさんの品種が栽培されているので、いろんな種類のフレッシュなものを楽しめるようになった。

これぞ、国境をもたないスパイスの代表格だ。風味、辛み、色など目的に応じて上手に使おう。

04

マスタード

MUSTARD

料理では防腐剤として、塗ると解毒剤やデトックス、温湿布に

主な使い方

南アジアでは最初に油と共に熱し、弾かせてから料理を始める。一方で油と共に熱したものを料理にかけるなどして仕上げに使うことも多い。主にインド南部やスリランカなどで多用するが、インド北部やネパールでもクミンやフェヌグリークなどと合わせて使うことがたまにある。

味

油で熱すると香ばしくなる。パウダーを水で練ると辛さが増す。

主な効果

「風邪に効くし、身体を丈夫にする」とインド人たちは言う。抗酸化物質。打ち身などの湿布にも。ただし大量摂取は肝臓に悪影響という説もある。

常備量

30g以上。密閉容器で暗所に保管。

特長

イエローはマイルドな辛み、ブラウンやブラックは刺激の強い辛み。

その他

いくつもの種類があり、イエロー、ブラウン、ブラックに大別される。南アジア料理では主にブラウンを使用。

主な産地

ヨーロッパ、アジア一帯。

　日本ではおでんなどにつける練り芥子《からし》がお馴染みだ。マスタードパウダーを水またはぬるま湯で練ると辛くなる。これはマスタードが持つ配糖体シニグリンが、水と合わさると酵素ミロシナーゼの働きで芥子油に変化することが理由だ。つまりわさびと同じ辛みである。辛みの強さはブラック、ブラウン、ホワイト（イエロー）の順。が、スターター（料理の最初に油と共に熱すること）やテンパリング（料理の仕上げに熱したスパイスと油を加えること）すると辛みはなくなり、プチプチとした歯応えと香りが残る。

　効能としては防腐作用、消化促進作用が期待される。パウダーは水や油と合わせ塗布薬とし、肺炎や気管支炎、神経痛、腰痛などに効果があるとか。

左：さやからこぼれ落ちたばかりのブラウンマスタードシード
右：インド人の問屋から仕入れたシードとパウダー

マスタードはアブラナ科で文字通り油分が豊富。特にインド北部ではマスタードオイルを料理、またスキンオイルとして両面で多用しているようだ。

　ネパールのプジャ・バスナートさん（＊7）のお宅へお邪魔した。彼女は3人の子供の母親。ネパール人やインド人はマスタードオイルを塗って大人になるという。生後半年ほどの赤ちゃんをタオルの上に寝かせ、片手にオイルが入ったボウルを持ち、どばどばと背中やお尻にかけ、一気に塗り込んだかと思うと今度は仰向けに返し、またどばどば。すかさず手のひらで頭から足の先までのばしマッサージするように塗り込んでいく。夜の薄暗い裸電球一つの部屋なので、赤ちゃんの白目と茶褐色の肌がぴかぴかと反射しているのが印象的だった。オイルはそのときの体調に応じて他のスパイスを加えることもあるという。

　このマッサージを赤ちゃんの間は毎日朝夜2回ずつ行い、3歳頃から1日1回、6歳頃には週に1回程度と徐々に減らしていく。一度塗ったら拭き取らずに、朝から外に放りっぱなしなのだそうだ。太陽に晒されることで汗が噴き出し、もし虫に刺されても毒を中和し、怪我や風邪に負けない丈夫な身体になるという。

　東インド出身のアリムルさんは子供の頃、寒い季節にマスタードオイルを全身に塗り、川や湖で遊んでいたという。冷たい水の中でも身体が冷えることがないそうだ。インドやネパールの子供たちのパワーの源はマスタードにあった。

05

コリアンダー

CORIANDER

幸せの薬草。
リラックスと疲労回復、
美容に最適なスパイス

主な使い方

生のリーフや茎は料理の彩りや香りづけとして。根はスープやグリーンカレーのペーストに。種子（ドライ）は南アジア料理全般に、西洋では魚介料理、酒類に使う。

味

生はその強い香りで好みが分かれていたが、最近はかなりファンが増えている。種子（ドライ）はほのかに柑橘のような香りをもち、煮込むと深いコクをもたらす。

主な効果

生、ドライ共にビタミンB_2とC、カルシウム、マグネシウム、カリウムなどミネラル分がとても豊富。解毒作用、二日酔い防止にも。

常備量

30g以上。密閉容器で暗所に保管。生なら刻んでおいて冷凍保存が可能。

特長

生のリーフは、特に15センチ前後のものが、しなやかな食感で、風味が爽やか。

その他

タイではパクチー、中国では香菜《シャンツァイ》、インドではダニヤ（ヒンディー語）。与那国島ではクシティと呼ばれる。

主な産地

インド、中国、ヨーロッパ、静岡県など。

　レッドペパーや胡椒と並び世界で最も多く消費されている。生、ドライの各部位、種子など余すことなく活用する。

　日本では少なくとも１９９０年代までは嫌う人が多かったが、僕は好物で店でも多用。ある日、生葉を大量に食べるととてもリラックスすることを覚えた。この話をパクチー料理専門店を営む田淵雅圭さん（＊８）にしたら共感してくれた。「心身ともにすっきりすると言ってたくさん召し上がる方がいますよ。繊維質やミネラル分が多いので疲労回復や胃腸のケアにもいいでしょうね。紹興酒に入れて飲むと悪酔いしないし翌朝が楽です」

　薬学博士の多賀さんたちと共に調べたところ「確かにリーフは生、ドライともにビタミン類が豊富で、カルシウム、マ

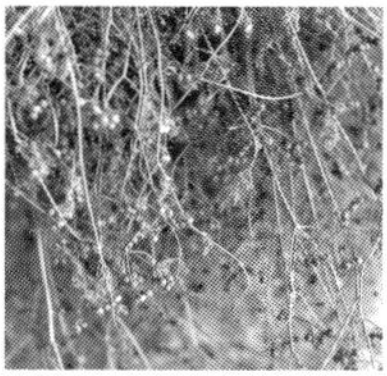
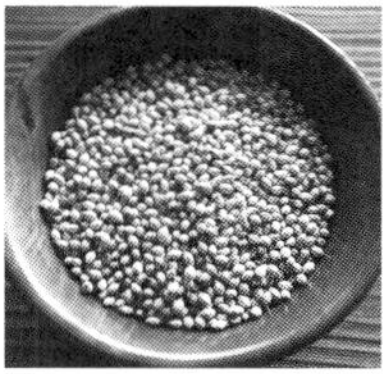

左上：開花しているコリアンダー
右上：コリアンダーを吊るして干しているところ（与那国島）
左下：インドからの輸入シード。これを粉砕するとパウダーに
右下：沖縄の大原農園から届いたコリアンダー

論文：抗不安作用に関する文献：S. Bhat, P. Kaushal, M. Kaur, H. K. Sharma, Afr. J. Plant Sci., 8 (2014) 25-33　香気成分についての文献（岸本 徹,日本醸造協会誌, 104 (2009) 157-169）

グネシウム、カリウムなどミネラルも多く、疲労回復作用が期待できる。また抗不安作用も期待できる」ということがわかった。さらに「種子には血中のコレステロール濃度を下げるとされるオメガ6系不飽和脂肪酸類を多く含み、香気成分は無難な香りの柑橘系が主」ということも。このときの調査では、シーフード料理に生とドライの両方を使うと、臭みを効果的に中和しつつ、栄養的にもバランスがいいという結論に至った。

こんな優れもののコリアンダーを郷土野菜としている地域が日本にあった。沖縄県の与那国島だ。当時は詳しい情報がなかったため現地入りしての調査。島民十数名（＊9）に話を伺うと、こちらではクシティと呼び、冬は島中がクシティの香りで溢れるという。最盛期は12月から3月。かつては自家採種栽培が常識的だったが、現在は個人間での譲渡や農協で購入することも多いようである。水分が多く、20センチくらいまでのものを摘むため、食感は柔らかで香りは優しい。食べ方は鰹節とポン酢でサラダ、カジキの刺身の妻、子供にはかき揚げなど。4月以降は、家の軒先にコリアンダーを逆さに吊るす家が各所に見受けられる。そのためか、80歳の女性でも肌がつやつやで綺麗な目をしていたのが印象的だった。

06

シナモン

CINNAMMON

甘い香りの樹の皮。
身体の芯から
ぽかぽかと温めてくれる

主な使い方

ホールは油と共に加熱してから調理する。パウダーは料理の味つけにしたり、飲物に、また菓子の香りづけにする。ガラムマサラの必需品。

味

香りは甘いのに味は辛い。種類や使い方によってわずかに酸味や苦みもある。保管状況の影響を強くうけるなど意外にデリケート。

主な効果

健胃・整腸作用。リラックス効果。発汗作用など。

常備量

ホール、パウダー共に20g程度。硬いのでホールの粉砕はあまりおすすめできない。

特長

クミンやレッドペパーなどのように多用途に使えて日本でも入手が容易。

その他

東洋医学では日本と中国で扱い方や意味が違い、日本はまるごと、中国は枝と幹の部分を使い分けて処方する。

主な産地

南インド、スリランカ、ベトナムなど。

僕の個人的な感想はただ一言「温まって気持ちがよくなるスパイス」だ。例えば休憩時にチャイに入れて飲むと、血行がよくなり身体の緊張がとれる。また眠れない夜なら、1／2カップの水にパウダーを小さじ1／4ほど入れて沸かし、ミルクを1／2カップと砂糖を小さじ1入れて飲むと寝つきがよくなる。南アジア人たちも北部の寒い時期などは同様に、シナモン入りのチャイをよく飲んでいる。いったい身体に何が起こっているのか。

中国人と日本人の両親を持つ薬剤師の高見哲史さん（＊10）によると「シナモンは中医学の世界では桂枝（ケイシ）や桂皮（ケイヒ）と呼び、しばしば登場します。前者は若くて細い枝の部分で、後者は文字通り樹皮、肉桂（ニッキ）とも

左：インド人の問屋から仕入れたシナモンホール。無骨な形をしていることから、おそらくカシアと思われる。日本製のミルではすぐに故障するため自家製粉の際は細かく砕いてから。
右：同様、インド直輸入のパウダー。辛みが強いのでこれもカシアと思われる。カレーなど煮込み料理にはカシアがよく合う。

言います。基本としては体温を上げる作用があり、発汗、解熱、鎮痛、健胃、などの効果がありますが、それぞれ別物としています」。

が、スパイスとしてはこれらは区別なくまぜこぜになっているようである。実際、僕がインド人の輸入業者から仕入れているものは、この枝の部分と太くて分厚い幹の部分が入り交じっていることがしばしばある。また、これらを粉末にしたものと、パウダーで仕入れたものとは辛みが明らかに違い、パウダーのほうが辛みは強い。各部位、あるいは各種が入り混じっていることが想像できる。

「簡単に言うと桂皮のほうが力が強いんです。でも、料理に使う程度なら神経質になる必要はないと思います。ただ、本当に体調が悪いとか持病がある場合は必ず専門家の診断を受けてからにしてください。副作用もありますから。あと、余談ですけど、日本では中華料理に使われると聞きますが、少なくとも華北出身の僕の母が家でこれを料理に使ったのを見たことがありません！（笑）」

なお、高見さんが専攻する中医学では1日の上限量が決められている。成人で最大が3gまでとのこと。パウダーなら小さじ1弱で、ホールなら約2ミリ厚で5、6センチの長さだ。インドカレーなら同量のホールで約5人分の量感である。過剰摂取は肝臓に悪影響をもたらす可能性があるとのことなので注意したい。ちなみにシナモンは何種類かあり、漢方と料理ではシナニッケイ（カシア）が主流。

07

グリーンカルダモン

GREEN CARDAMON

猛暑で火照った身体を冷まし、胃腸も元気にしてくれる夏のスパイス

主な使い方

特に中近東から北インドにかけて、肉料理やチャイ、時にコーヒーにも使う。料理の場合はホールを割って油と共に加熱してから調理する。

味

樟脳に似た強い鮮烈な芳香で、ショウガのような辛みとわずかに苦みがある。

主な効果

健胃・整腸作用。リラックス効果。口臭予防。デトックス効果など。

常備量

ホール、パウダーいずれも15～30g程度。密閉容器で冷暗所に保存。

特長

クセの強い素材を爽やかにしてくれる。インドの料理人や主婦などがたまにガムのようにそのまま口に入れて噛みつぶしている。

その他

一説には性欲を高める効果もあるとか。

主な産地

南インド、スリランカなど。

特に北インドやパキスタンの人などは「最も大切なスパイスの一つ」と太鼓判をおす。猛暑で疲れたときの元気剤として、また胃の消化を助けたり整腸剤、気持ちをやわらげるリラックス剤、口臭予防にもなるという。

インド北西部のラージャスターン州ではグリーンカルダモンをたっぷりと入れたソフトクリームのようなとろみの強いラッシーが名物。パキスタンとの国境にタール砂漠が広がり、夏は気温が45℃以上、年間降水量が２５０ミリ以下（東京の２０１５～17年の3年間平均年間降水量は約１０１３ミリ。気象庁データ参照）の、インドの中でも特に厳しい酷暑と乾燥地帯として知られる。そんな環境の中で何世代もかけて育まれてきた知恵

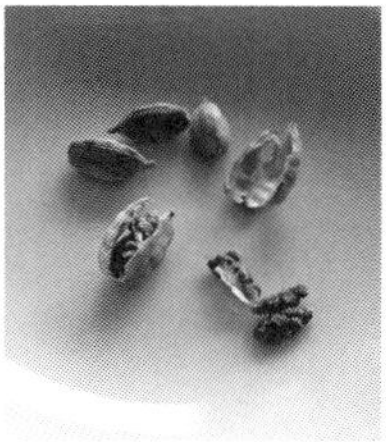

左：皮は厚くて硬いので、割って種子だけを取り出し、果皮は捨ててもかまわない。種子は包丁の柄などで軽く潰して、チャイなら水に入れて沸かしてから茶葉を入れたり、料理ならそのまま胡椒の感覚で加えればいい。
右：パウダーは白胡椒のような色合い

が、火照った身体の冷却と気分の安定にはグリーンカルダモンが効果的ということである。実際に気温45度の炎天下でこのラッシーを飲むと、想像以上に身体が休まり気分がよくなるので、機会があればぜひお試しあれ。

　ラージャスターン州ほどではないが同様に酷暑の西インド・グジャラート州出身の主婦ラタさんは「インドではずっと昔から元気の素といわれています。疲れたとき、これを一つ食べると、バナナ2、3本と同じパワーがあるね。じぇったいよ!」と熱く語る。

　バナナに匹敵するパワーがあるかどうかは定かでないが、確かなのは冷たい料理や飲物、デザートに使うとこの清涼感と爽やかな香りがさらに引き立つということ。冷たくしてここまで香りがたつスパイスはそう多くはない。

　熱い料理や飲み物の場合は清涼感よりも、特に肉や魚介のクセの強い素材の臭い消しとして役立ってくれる。割っておいたホールを油とともに加熱してから調理したり、料理の中盤で味つけに使ったりもする。ただ、ある程度煮込むと香りはほとんど飛んでしまう。既製品のパウダーでもいいが、できるだけ使う直前にホールを潰して使ってもらいたい。いっそう鮮烈な香りが楽しめるはず。

　とても高価なスパイスの一つであり、大事なお客のもてなしや中級以上のレストランなどではホールごと使うことが多い。「THALI」でも毎日のようにホールを料理や飲み物などに入れていた。

08

クローブ

CLOVE

**中国や日本では丁子。
歯痛や腹痛時に
釘を刺してくれる頓服薬**

主な使い方

油と共に加熱してから調理。カルダモンなどと共にチャイに。西洋ではシチューやソーセージに、ブラジルではハムに刺してローストしたりする。

味

漢方胃腸薬のような強烈な甘辛い風味。煮込みに使うとわずかに酸味も出る。入れすぎると刺激が強くなりすぎるので注意。

主な効果

健胃・整腸作用、口臭予防、鎮痛、殺菌作用、興奮作用、歯痛。

常備量

ホール15〜30g程度。密閉容器で暗所に保管。

特長

主張が強いので使うときは少量で。カレーなら一人前2、3個以内で十分。

その他

スパイスの中では唯一の花の蕾。

主な産地

インドネシア、スリランカ、マダガスカルなど。

「虫歯で穴が開いたり詰め物が取れたとき、中に詰めておくと痛みが消える」と、今まで同じ話を何人のインド人から聞いたことかわからないし、実際そうしているインド人を何人も見てきた。代々アーユルヴェーダを信望してきているインド南部バンガロール在住のラマクリシュナさん（＊11）に聞いても同じ答えが返ってくる。そして「THALI」によく来ていた数名の歯科医の先生方までもこう言うのである。「クローブの香気成分オイゲノールは殺菌・防腐作用や鎮痛・麻酔作用があって、これをもとにした薬が歯科でも使われているから」。

しかし、僕のスパイス生活の中で、この話だけは腑に落ちない。というのも僕の場合においてはまったく効果を感じた

左：良質のものは太さが4.5ミリほどありふっくらとしている。胃腸薬の正露丸のような強い香りと味なので口に含む場合は一つだけにしよう。
右：パウダーはホールよりも香りが強く、より生薬っぽいイメージ。カレーやチャイにそのまま入れる

ことがないからである。どうなっているのかと思い、かかりつけの国立大学歯学部附属病院の医師2人に聞いてみると、どうやら僕は人一倍、口の中の免疫力が低いらしく、おそらく体質的に効果が出にくいのだろうとのこと。人によって効きめが違うということか。

だが、歯痛以外のところでしっかりと確信を持っていることがある。それは腹痛時の特効薬であるということだ。僕は元々脂っこいラーメンやデリバリー系のピッツア、チーズや卵も入ったような分厚いハンバーガーなどが大好きなのだが、ある頃から食べたその日の夜に必ずといっていいほど腹痛に襲われるようになってしまった。そのほとんどは深夜に激痛で目が覚めるというパターンで、何度もトイレへ駆け込んでは、紙と神にすがるのであった。

そんなときにクローブを白湯で1粒飲み、もう一粒を口の中に入れておくのである。痛みが長く続いたり胃もむかつくときは、これに胡椒とクミンも加える。すると、しばらくしてからすーっと楽になるのである。これについては少なくとも僕の場合はほぼ確実に効くからすっかり習慣となった。そういう面では殺菌や鎮痛効果を体感できている。

また、ネパールの料理人のビシュヌさん（＊12）は「風邪の最初のとき、クローブにペパーとナツメグとクミンを入れたスープを飲むと楽になる」と話す。風邪の民間薬にもなるようだ。

09

生姜

GINGER

漢方で最も多く使われる生薬。身体を温め、デトックス、車酔い予防にも。

主な使い方

生はおろしたり刻んで煮ものや炒め料理に。インド料理では千切りにして、中華料理ではぶつ切りで使うことも。日本では酢漬けにもする。

味

生は辛みと酸味を兼ね備え、おろし、煮、炒などと使い道は幅広い。ドライはほのかな辛みに時折苦みを持つものがある。

主な効果

生は頭痛を伴う風邪に。発汗作用がある。ドライは体温を上げたり鎮咳に。車酔い、二日酔いの予防にも。

常備量

パウダーは15gほど。生は随時必要分を購入。

特長

全国各地のスーパーなどで安易に入手できるのがいい。

その他

ターメリック（ウコン）、グリーンカルダモン、東南アジアのガランガルなどすべてショウガ科の仲間。

主な産地

日本、熱帯アジア、インドなど。

『スパイスジャーナルvol.16』で生姜特集を企画した際、各方面から面白い話を聞くことができた。カナダのアニーさん（＊13）は「滅多に使わないけどクリスマスシーズンになると生姜をたっぷりと入れたクッキーを焼いて子供たちのお菓子にする。風邪に効くらしいからいい習慣だと思う。売っているのは中華食料品店で薬用スパイスという感覚」。

中国料理研究家の楊鈴君さん（＊14）は「広東には大量のおろし生姜を全身に塗るマッサージがあって、痛いほどの刺激で汗だくになります。これでどんな疲れも吹っ飛びます」と意外な使い方を。

スリランカの料理人ランジさんは「ハーブティーに必ず入れる。ブラックペッパー、シナモン、クミンなど7、8

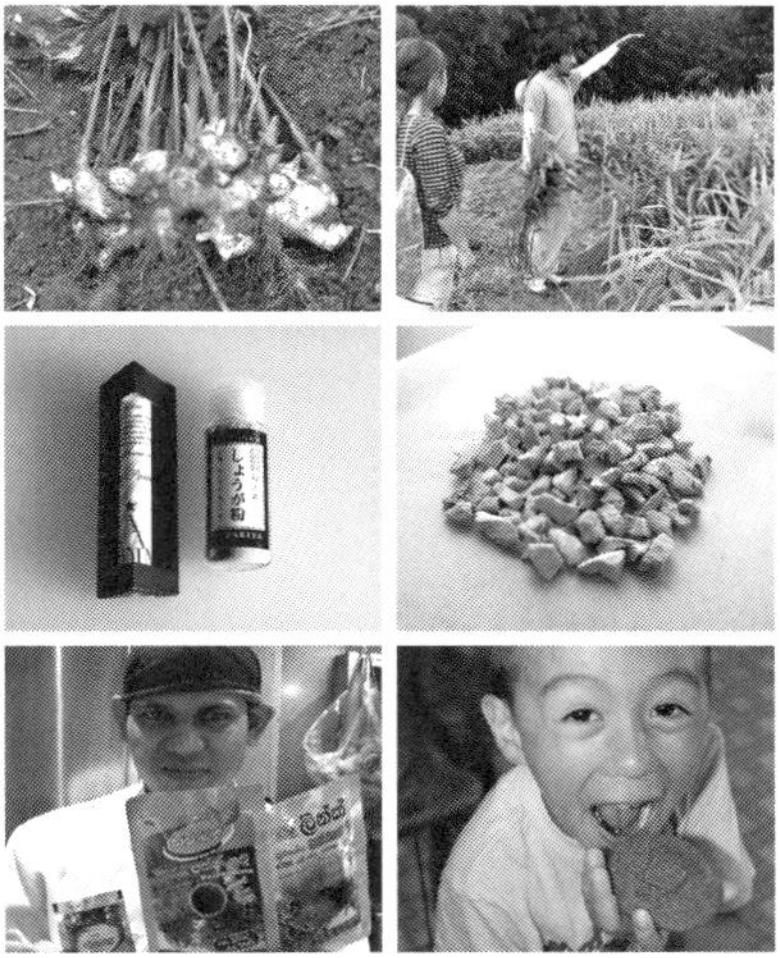

左上：とれたての生姜（高知県いの町の生姜農園にて）
右上：170センチくらいまで伸びる（生姜農家の山岡大晃さん沙帆さん夫妻）
真ん中左：最近は国産無農薬の粉末もある（いの町『刈谷農園』）
真ん中右：漢方の世界では生姜をショウキョウと発音する
左下：スリランカの生姜入りティー（シェフのランジさん）
右下：カナダのジンジャークッキー（アニーさんの息子ジョーン君）

種類まぜたもの。1日3回飲むと、風邪、腹痛、肩凝り、目の疲れ、オールOK」とやはりアーユルヴェーダ的である。

マレーシアの30代男性は「生姜は男の元気の源です。生姜を漬け込んだ蜂蜜を毎日舐めると元気な子供がたくさん生まれます。マレーシア男の伝統です」とガッツポーズをして語ってくれた。

中国政府認定の国際中医師である松本比菜さん（＊15）は「中医学で生姜はかなり多用します。おおまかに、生の生姜を使うのが〝生姜（しょうきょう）〟で解表（発汗させて体表に現れる症状を取り除くこと）薬に属します。乾燥させたのが〝乾姜（かんきょう）〟で温裏（温める作用や体を熱くする作用を持つ薬によって陽気を補い、寒邪を除去すること）薬となり、ジャンルが異なります。生だと解毒したり胃腸の余分な水をさばいたりし、乾かすとお腹や身体を温める目的に変わります」と話す。ただし、上限があり、1日に多くても10gまでとのこと。身体の潤いが不足していたり、炎症がある場合は不向きとも。

薬剤師の高見さんは「車酔いや、お酒の悪酔いを防いでくれる成分を含んでいますので、予防にジンジャーエールを飲むのがおすすめです」と話す。

10

ペパー（胡椒）

PEPPER

駆虫、解毒、解熱、去痰…。そしてマラリアの特効薬伝説も。紀元前より世界が宝とした万能薬

主な使い方

ホールを油と共に加熱して調理。または仕上げに挽きたてをかける。

味

黒胡椒は鮮烈な香りと辛みが。白胡椒は芳醇でマイルドな香りと辛さが特徴。黒は緑の果実を干すことで黒色となり、白は赤い完熟品を水につけて発酵させ外皮を取り、干したもの。古代から多く流通しているのは黒胡椒。

主な効果

健胃・整腸作用。消化促進。抗酸化物質。

常備量

30g以上。ホールと粗挽きの両方あるとベスト。

特長

日本各地で容易に入手可能なのと、日持ちするのでとても使いやすい。

その他

八重山諸島には「ヒバーチ（ピパーツ）」というナガコショウが古くから自生する

主な産地

インド、スリランカ、マレーシア、カンボジア、ブラジルなど。

見ただけでお腹を壊しそうな料理を前にしたとき、僕はとりあえず粗挽き胡椒をたっぷりとかける。完璧ではないが、かなり防御できるのだ。25年にわたるスパイス生活で身につけた経験則である。胡椒には解毒作用があると体感している。

真相はどうか。近畿大学薬学部と共に調査・分析した結果、次のようなことがわかった。「胡椒は油と水の両方に対して相性がよく、油に対しては辛み成分ピペリンが、水に対しては抗酸化物質ポリフェノール類がそれぞれ湧き出す。また胡椒のピペリンは確かに消化不良や腹痛、下痢などに効果がある。しかも他の薬物を体内に長く留めて、その効果を強めるというデータがある。ターメリックや生姜などと共存すると効き目は倍増するだ

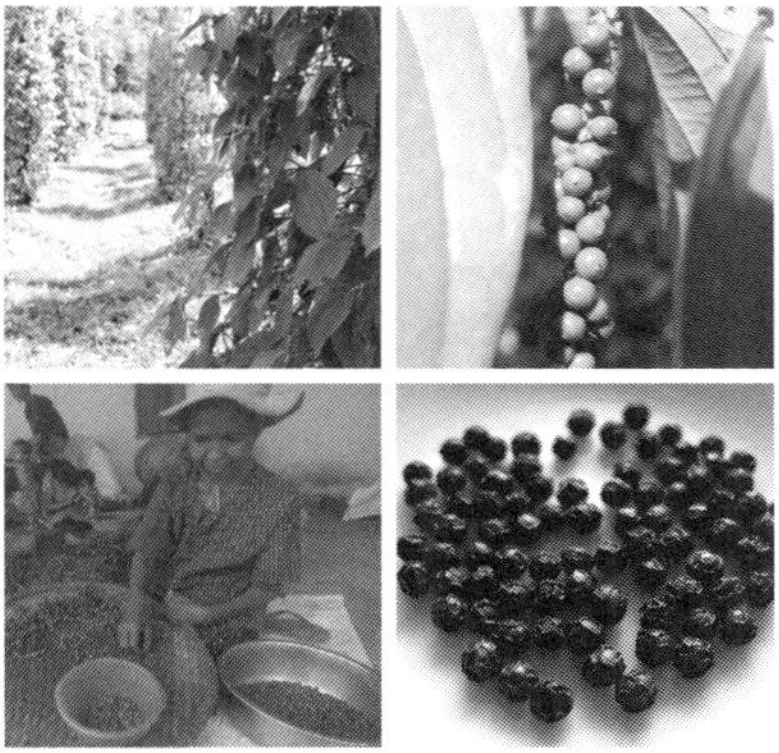

左上：蔓性の多年生草。発芽が難しいため接木栽培する。収穫は3、4年めから始まり、7、8年で最盛を迎え、うまくいけば20年ほど収穫が続けられるという
右上：胡椒は果実。ほのかに柑橘系の匂いがする
左下：摘み取りや選別はすべて手作業で行う（Photo：Hiroshi Ake）
右下：とても希少な完熟の黒胡椒ライプペッパー。4枚の写真はすべて『クラタペッパー』（カンボジア）の農園にて

ろう」。

今まで多くの南アジアの友人たちが、風邪や胃腸の調子が悪いときは、胡椒と生姜、時にクミンなどをスープやティーに入れてケアしているのを見てきたが、これはかなり理にかなった方法ということになる。やはり伝統が育てたスパイス健康術は偉大である。中でも胡椒は古代より薬剤として重宝されてきたようだ。

日本のスパイス研究の大家、山田憲太郎氏の書によれば、胡椒は紀元前よりインド、エジプト、ヨーロッパ、中国など世界各国で薬剤として考えられてきたという。体内の浄化、駆虫、鼓腸の緩和、解毒、健胃、鎮痛、下痢止め、咳止め、解熱、眼病や鼻カタルの緩和、強壮、去痰など。ローマではコレラやマラリアの特効薬にもなっていたとか。薬味としては防腐、防臭、食欲増進など。また媚薬にも。古代のギリシア、ローマ時代には金と等価となり、中世には結婚の持参金や税金の支払いに使われるほど高い価値を誇ったともいう。

同じ胡椒でも乾燥品で長さ3、4センチのナガコショウがあり、古代インドで胡椒と言えばこちらだったらしい。が、少なくともヨーロッパやエジプトでは効能や味が似ていることもあり混同していたのではないかという話だ。

胡椒は人類史に強い影響を与えている。

11

山椒

JAPANESE PEPPER

ネパールや中国では香りよりも解毒や健胃、新陳代謝の促進のために使う

主な使い方

日本では若葉を木の芽、種子を実山椒、花を花山椒と呼び、それぞれ使い方が違う。中国やネパールでは実山椒の果皮の乾燥品を使う。

味

木の芽は実山椒ほど辛みはなく、鮮烈な清涼香をもつ。花山椒はかすかな苦みと食感に弾力がある。乾燥品は生のような鮮烈さはないが、特有のパワフルな風味が残る。

主な効果

抗菌。健胃・整腸作用。消化促進。新陳代謝の促進。駆風。鎮痛。利尿。関節炎。

常備量

生は随時必要量を購入。乾燥品は国産・海外産を問わず最小単位で十分。

特長

気候への順応性が高く、各地で自生している。よって形や風味がそれぞれ異なる。

その他

日本では枝をスリコギにする。

主な産地

ネパール、中国、日本など

山椒は英語でジャパニーズ・ペパーとも言われるほど日本原産のイメージが強いが、実はネパールにもたくさん自生しており頻繁に使われている。真冬のある日、ネパール出身の料理人ビシュヌさんが「山椒は身体が温まって元気になるね」と言ってスープを出してくれた。挽きたてのネパール山椒が効いた鶏がらスープである。おかげでこの日の夜はずっとお腹が温かく、少し汗ばみ、翌朝はすっきりと目が覚めた。

以前、彼と共にネパールを旅した際、山中の川魚レストランでマスの唐揚げを山椒のチャトニと共に食べたことがある。これは店の裏山でとれた山椒の果皮のドライを挽いたものと、胡椒やニンニク、塩、ライムなどと合わせたソースだ。

左上：ネパールの川魚レストランの裏山にて山椒に触れる
右上:山椒のチャトニ(ソース)とマスの唐揚げ。ピリ辛で山椒の香りは弱め
左下:ビシュヌさんがスープを作る際に使ったネパールの山椒(花)
右下:北陸の山中で採取した天然の山椒の葉

他、焼きソバや春巻きなど特に中華系ネパール料理とよく合わせるようで、抗菌と食欲増進、香りづけの役割があるらしい。山椒は変種、亜種が無数に存在する。このとき山の中で見たそれは、枝に1センチ以上の長さの鋭い棘があり、葉は厚みがあってぎざぎざがない。香りは日本のものと似て非なる。もしかしたら同属別種の中国カホクザンショウの系統かもしれない。あらためて要研究テーマだ。

　ネパールには古くから山椒の果皮の精油成分を配合したサンチョウ（＊16）という薬用油があり、関節炎、肺炎や気管支炎、鼻づまりなどを癒すためのアロマテラピーに使われている。

　薬剤師の高見さんに聞く。「中医学では駆風（ガス抜き）と冷え性、特に腹部の冷えを癒すものと考えます。また健胃、消化促進などにも効果があるとも。ちなみに我が家で花椒は必需品でした。母が豪快に油で揚げたり、スープで煮たり、なんでもかんでも毎日大量に使うんですよ。強火で加熱するせいか、日本で食べるような痺れはほとんどなく、香りのものというイメージが強いです。生の実や葉など細かく使い分けるのはおそらく世界でも日本だけじゃないでしょうか」。

　薬効の期待も多く、料理法もまだまだ広がりそうな興味深いスパイスだ。

12

胡麻

SESAME

薬効満載。
人類と共に5000年以上続く
最古のヘルシースパイス

主な使い方

素材の衣に、ペーストをタレやソースにする使い方は世界各地に存在する。胡麻油を香りとして使うのは中国から以東のやり方。豆腐や和え物は日本ならでは。

味

さらっとしつつも濃厚なコクがいい。シードは使用直前に煎るとさらに香りがたつ。

主な効果

抗酸化作用。老化防止効果。コレステロール代謝調節。免疫機能の向上、抗高血圧効果、肝機能の増強、お通じの促進、血流の促進など数え切れない。

常備量

生は随時必要量を購入。乾燥品は国産・海外産を問わず最小単位で十分。

特長

オレイン酸、リノレン酸、ミネラル類、タンパク質、ビタミン類も豊富。

その他

成人の適量はシードで1日大さじ2杯まで。食物繊維は約10％と豊富だが、皮が硬いのですり潰して使うのが望ましい。

主な産地

ミャンマー、インド、中国、エチオピア。

15年ほど前に僕は胡麻をテーマとした料理番組の構成作家をしていて、そのときの栄養学者の話が印象に残っている。

「胡麻の約50％は日本の若い女性が嫌う油。でも上質の油は人間の身体にとても重要で、特に胡麻の油はいいのです。セサミンやセサミノールなどといった胡麻特有の成分によって、免疫機能の向上、抗高血圧効果、老化防止効果、コレステロール代謝調節、肝機能の増強、精神の安定作用などがかなり期待されています。まさに油断大敵。ただし高カロリーですから、食用とする場合は成人で大さじ1か2までがいいでしょう」

なるほど、油断大敵とは絶妙な言い回しだと感動した次第。

胡麻は人類史と共にある世界最古のス

左：町のあちこちに大小のアーユルヴェーダクリニックがある（インド・ジャイプル郊外）
右：胡麻油をベースにミントやタイム、樟脳など9つのハーブが入ったアーユルヴェーダのプレシャンプー、ナブラタナオイル。不眠や頭痛、緊張、痛みを和らげ脱毛を防ぐといわれる
（Photo by Mitsuyo Motozawa）

パイスであり、5000年以上も前から栄養剤、薬剤として使われてきたという。ということで原産国の一つ、インドの伝統医療アーユルヴェーダの権威の方も取材した。そして番組内で僕が実験台に。うつ伏せになり背中全体に複数のスパイスを配合した胡麻油を塗ってから、腰に小麦粉の生地で土手を作りその油を流し込む。そして今度は仰向けになり、額にもたらたらと。この油が温かくて気持ちいい。30分もすると身体の芯が熱くなり汗が噴出。帰りの車中でもおさまらず、結局、翌夜まで汗が出続けたのである。

『スパイスジャーナル』ヨーガコーナー担当の本沢みつ代さん（＊17）が詳しい。

「アーユルヴェーダは油を使った施術が多く、そのベースがゴマ油。でも日本のような焙煎したものでなく、ストレートのもの。日本でいえば太白胡麻油が近いです。これを目的に応じてスパイスを配合して使用する。世界的にはケララが有名だけど、観光客向けだからか、かなり割高だと聞きます。実際にはインド各地の公立病院の一科目として存在し診察料は無料。また小さなクリニックもあり、多くのインド人が日常的に通ってます」。

　パクチー専門店と担々麺店を営む田淵さんの話も面白い。

「実はお通じの促進にもなるんです。特に白より黒胡麻がいいみたい。うちのスタッフやお客さんも同じことを言ってるから、やっぱりそうなんですよ」

　身近すぎてあまり意識することはなかったが、胡麻は相当に凄いスパイスだ。

13

よもぎ

MUGWORT

東洋では邪気払いの薬草。ミネラルやビタミンが豊富で、デトックス効果も期待大

主な使い方

餅、団子、天ぷら、佃煮にも使える。沖縄では雑炊やヤギ汁などに薬味として入れる。インドでは家畜の害虫除けに使う。

味

若い葉なら青々とした爽快な香りがする。大きくなると硬くなりアクがでてくる。

主な効果

冷え性、腹痛、風邪、止血。デトックス効果。抗酸化作用。お灸の材料となる。除虫。

常備量

生は随時必要量を採取か購入。乾燥の粉末品も売られている。

特長

成分も味も香りもパワフル。生のままなら、少量を出汁に浮かべて飲むとおいしい。

その他

硬くてアクが強いので、重曹を入れてボイルしてから使う。順応性が高く、世界各地に200種類以上も存在している。

主な産地

中国、日本、インド、北米などに自生。

昔から桃の節句に供える菱餅に、ヨモギ入りの草餅がある。また鍼灸のお灸に使う艾（もぐさ）もヨモギが原料である。菱餅も鍼灸も中国がルーツ。というわけで日中ハーフの薬剤師、高見さんに聞く。

「中国でヨモギは実にメジャーです。しばしばその辺に採りにいくし、どこにでも売ってます。漢方の世界でも馴染みが深く、艾葉（ガイヨウ）と呼んで身体を温めるものとされています。葉の裏に白い産毛みたいなのがあって、これを集めたものが艾になる。中医学では患部に対して邪気があるという表現をよくしますが、これを燻すことで身体にたまった邪気を払うと考えます。殺菌作用、抗酸化作用、止血作用もあります。特に生理不順やデトックス効果を期待して女性か

左：畑の縁に無尽蔵に生えている（沖縄南城市の大原農園にて）
右：沖縄本島のとあるそば屋で、生のフーチバが卓上に置かれていた。こちらでは薬味感覚で自由に入れてよいシステム。若い葉なので柔らかで香りは上品。スープの豚骨と鰹節のアクを中和してくれる

ら人気が高い。日本では餅に入れますが、邪気を払い験（げん）を担いだのかもしれませんね」

　日本で食用といえば、沖縄でよく食べられているイメージがある。『スパイスジャーナル』漫画コーナー担当の堀内マキコさん（＊18）は宜野湾市の出身だ。

「沖縄ではヨモギのことをフーチバと呼んでしょっちゅう使っています。豚肉入りのそばや豚の内臓の汁ものに入れるかな。個人的にはジューシー（炊き込みご飯や雑炊のこと）が好きです。子供の頃から風邪を引いて寝込むたびにお婆ちゃんが作ってくれました。鰹や豚肉の出汁にフーチバをたくさん入れて、柔らかに炊くんです。これを食べたら、そりゃもうすぐに元気になります」

　本島南部のハーブ農家、大原大幸さん（＊19）も興味深い話をしてくれた。

「フーチバはうちの農園にもいっぱい自生してます。毒消し、臭み消しとして昔から島で愛されてます。先日も伝統的なお祝い料理であるヤギ汁をご馳走になりました。これにもどっさりと入れます。本来は自分の庭や畑で家長がヤギをしめて、その場で鍋にするんです。ただ、いくら臭み消しといってもヤギのクセが強いから、周辺に臭いが溢れて近所にばればれ。ヨモギは昔から土地の守り神とも言われます。繁殖力が強くて、丈夫な根を横へと這わせて群生していくので確かに土地が頑丈になる。あと害虫除けにもなるし。目立たないけど、そこにあるだけでとても役に立つハーブです」

14

わさび

WASABI

**抗菌、抗酸化、臭み消し。
清流の中でしか育たない
日本の奇跡のスパイス**

主な使い方

おろして寿司やざるそばの薬味に。鶏肉とのあえもの。ステーキなど肉にトッピング。チューブタイプのワサビなら醤油や酢を合わせてドレッシングにもなる。

味

そのままだと爽快な香り。すりおろすことで酵素が働き辛みが生まれる。

主な効果

抗菌、抗酸化、抗炎症、抗がん各作用。ストレスの緩和。臭み消し。

常備量

生なら1本を購入。残れば冷蔵、冷凍保存が可能。

特長

最近はブランド農園・産地ものをインターネットで購入できる。

その他

生の場合、1本300円〜1500円くらいまでと幅があるので、好みのものを選ぼう。

主な産地

日本

『スパイスジャーナルvol.10』ではわさびを特集した。その際、いつものように薬学博士の多賀さんと共に調査と分析を試みた。議題は辛さの理由と薬効の有無について。結論は次のとおりである。

「辛みの正体はアリルイソチオシアネートという化合物。だが、すぐに揮発してしまうのでシニグリンという前駆物質として細胞の中に蓄えられている」

「シニグリンはブドウ糖とくっついた状態で貯蔵されており、必要なときに酵素を使ってアリルイソチオシアネートとブドウ糖に分解する」

早い話が、おろすことで辛みが生まれ、その中に薬効が期待できる成分が確かに含まれているということである。薬効は「抗菌、抗酸化、抗炎症作用、そして

左：滋賀の山中でみつけた天然わさび
右：鮫の皮おろしならきめ細かくクリーミーに。東海、信州、山陰、北関東など各地で栽培されている。水の中で育てる沢わさびと、土中で育てる畑わさびがあり、前者のほうが形も大きく価格は高い。最近は品種や畑の改良が進み、肉厚なものが出回り、中国産も増えている

抗がん作用」などとすごい。ただ、揮発性が高く、現実的にどこまで吸収できるのかはこの時点でわからず、ひとまず単純に辛さがいつまで持続するのかを計ったら、なんと5分ほどで消え、同時に味も格段に落ちてしまった。そのことと薬効力の関係までは判断できないが、確実なのは、おろしたての生わさびを出すそば店や日本料理店へ行くか、あるいは食事する直前に自分で生わさびをおろすか、ということに。冷凍をおろすことも可能なので、生わさびさえ手に入るなら意外に現実的な作戦である。

特集内でもうひとつ興味深い話がある。それが天然わさびの冒険だ。リーダーは滋賀県の料理宿ご主人の徳山浩明さん（＊20）たち3人。川を越えて茂みの中を突き進む。途中、何度かわさびを発見するが、すべて直径1センチほどの細いものばかり。この理由がなんと、茂みの中では、自らが持つ抗菌作用で中毒を起こして大きくなれないというのだ。仮に何かの拍子で成長したとしても採れるまでにまだ2、3年はかかるという。この後、さらに清水を辿り、崖を這い上がったところでようやく大きなわさびを発見。そこは水温10～15℃の中性の水が湧き続ける場所であった。天然もので太いわさびを見つけることは奇跡に近い、ということをこのとき我々は初めて知った。

山の案内人曰く、乱獲防止のため採取場所を公開することはできないという。日本原産のスパイスは自然の絶妙なバランスの中で今も育まれている。

日本や中国でよく使うもの

爽やかな香りで食欲増進。
健胃、咳止め、初期の風邪にも

チンピ

マンダリンオレンジ(日本ではウンシュウミカンを含む)の皮を干したもの。柑橘特有の爽やかさと苦みがある。日本の七味唐辛子やカレー粉に入る。漢方では発汗や鎮咳などの感冒に用いる。中国では複数のスパイスを混ぜた五香粉や、卵のスパイス煮である茶たまご(茶葉蛋)など、香りづけに使われる。

ビタミンやミネラルが豊富。
抗菌や臭み消しにもなる

ネギ

タマネギ同様にコレステロールや中性脂肪を抑制する働きがあるといわれる。その場合、できるだけ繊維に逆らって切り、水に晒さず、15〜20分ほど常温に放置してから使うこと。ちなみに東日本でネギというと根深ネギのことを指し、西日本ではその半分ほどの細さで青い部分のほうが長いいわゆる青ネギを指す。

漢方では血行や発汗促進剤。
リラックス効果も期待大

茗荷

火照りを冷まし、解毒作用もあると言われ、夏にそうめんと共に食べるのは理にかなっている。女性のホルモンバランスを整えたり、血液の循環をよくして、肩凝りや腰痛にも効果があるとされる。英名ではジャパニーズジンジャーと言うとか。本州全域に自生、または栽培もされている。食物繊維が豊富なのも嬉しい。

免疫力UP、抗菌抗酸化作用、
ビタミンが豊富で若さを維持

紫蘇

抗菌作用や抗酸化作用があると言われる。日本では青紫蘇は千切りにして豆腐や刺身と共に食べたり、赤紫蘇は梅と漬けるなどの伝統食がある。漢方では蘇葉(ソヨウ)と呼ばれ、利尿、発汗、鎮咳、鎮静の効果があるとされ、鬱を吹き飛ばす効果もあるといわれている。バジル、ミント、セージなどが仲間。

インドやネパールでよく使うもの

豊富なミネラルとビタミン、
甘い香りで元気を取り戻す

フェヌグリーク

インドやネパールの女性はフェヌグリークから抽出したエキスをマスタードオイルと混ぜ合わせたものをアイラインとしてよく使う。目の健康のためというが、男性を元気にする作用があるという説も。最近は化粧品店で既製品も販売されている。葉はカスリメティ（メッチ）と呼び、ベジタリアンに人気のハーブ。

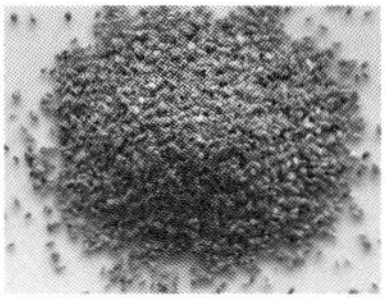

デトックス効果があると
南アジアの女性の間で人気

アジョワンシード

たっぷりのギーにアジョワンシードと米粉を入れて、温めてから塩を入れて飲むと母乳がよく出るとインドやネパールの女性たち。また、フライパンで煎ってから塩を少しだけ入れたものを飲み続けるとデトックス効果が期待できるとも。アジアの女性の間では特に人気のヘルシースパイスだ。

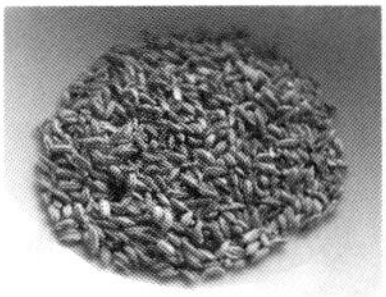

紀元前から視力の強化剤。
防臭作用もあり魚料理には必須

フェンネル

原産とされる南ヨーロッパ～地中海沿岸では、古代より視力の強化剤として重宝されてきたという。中世には魔除けとして玄関に吊るす風習もあったとか。漢方では胸やけや食欲不振、神経性胃炎などに効果があるとされる。ドライのシードはインドで多用されるが、食後の口臭予防剤としても使われる。

古代より鎮痛や健胃、
防腐、香りづけ剤として活躍

ミント

抗菌、防腐、清涼作用があるとされる。インドなどでは肉や魚料理を食べる際、ミントで作ったグリーンチャトニーというディップソースをつける。日本では甘口のスペアミントが、インドや西洋では辛口のペパーミントが多用される。順応力と生命力が高く、日本のハッカなど同じ仲間が世界に1000種類あるとも。

Column.3

トゥルシーに見るスパイス文化圏の人々の思い

ヒンドゥ教徒の多くが家で育てている。バジルの仲間

トゥルシーのハーブティー(ネパールで買ったもの)

特にインドやネパールのヒンドゥー教徒の人々はトゥルシーの話になると目つきが変わる。多くは自分の部屋や庭で栽培し、他のハーブとは別に大事に扱われている。またの名を「ホーリーバジル（聖なるバジル）」「ハーブの女王」。彼らが崇めるその格別のハーブとはどんなものか。

北インド出身の20代の男性が言う。

「トゥルシーは神の生まれ変わりと言われています。ヒンドゥー教のクリシュナやラクシュミがトゥルシーとなって人々のために身を捧げているという美しい伝説があります」

バンガロールのラマクリシュナさんもヒンドゥ教徒だ。中庭には大きなトゥルシーが植えられ、その周りは柵で囲われている。

「トゥルシーはいつも私たちを見守ってくれてる。人が生まれたり、亡くなるときにもこの木の前でお坊さんがお祈りをするのよ。私たちの輪廻転生を導いてくれているわけ。もちろん健康にも役立ってくれる。トゥルシーとクミンシードをボイルしたお湯を飲むと鼻水もすぐに止まるから」

家の中の神棚にはいくつかの神の像と数種類のハーブが供えられていて、中にトゥルシーもあった。

西インド出身のラタさんにも聞く。

「私の実家、トゥルシーいっぱい咲いてる!　でも、悪い者きたら枯れる。トゥルシーは神様だから犠牲になって私たちを守る。毎日、少しちぎって料理の上にのせて神様をイメージしてから人間が食べる。身体の悪いところ何でも治す、トゥルシーは神様!」と、胸に手を当てて目を潤ませながら語ってくれた。

基本的には料理用ではないようだ。喉が痛いとき、胃の調子がいまひとつのとき、疲れているときなどにハーブティーにして飲むことがある感覚だとか。ただ、最近は抗がん作用が期待され、海外からの注目を集めているらしい。

神にたとえるまででなくても、このように捧げものとして扱われるスパイスは各宗教各地域によって存在する。本場でスパイスとは哲学でもあるのだ。

CHAPTER

4

体調別・身体がよろこぶ スパイスレシピ

ここで紹介するのは、僕個人の経験から生まれたレシピやスパイス文化圏の人々が教えてくれたものだ。スパイス版おばあちゃんの知恵袋として、身体のちょっとした不調に試してみていただければと思う。

使用するスパイスは、できるだけ手に入りやすいもの、例えば日本のちょっと気の利いたスーパーやデパート、輸入食料品店ならまず売っているものを選んだ。が、おいしさを少しでも保持するためにやむを得ず日本では手に入りにくいマイナーなスパイスを使っているレシピも一部ある。調理道具についてはできるだけシンプルなものを。ぜひ現実の生活の中にインストールしていただければと思う。

*本格的な治療を望む場合は、必ず医療機関や専門家にご相談ください。

身体がだるいとき

ぽかぽかマサラチャイ

身体を温めるスパイス3種を手軽においしく取り入れる

材料（2人分）

スパイス

◎**シナモンホール**……4センチくらい

◎**クローブホール**……2個

◎**ジンジャーパウダー**……小さじ1/2（なければおろした生姜小さじ1/2）

CTCアッサムティー（チャイ用の茶葉）……小さじ2

砂糖またはキビ砂糖など*……小さじ3（好みの量）

水……1と1/2カップ

牛乳……1と1/4カップ

*メイプルシュガーもおすすめ

作り方

❶鍋に水とスパイスと茶葉を入れて中火で約2分煮る。

❷牛乳を加えて軽く混ぜる。吹きこぼれそうになったら火を弱めて約2分煮る。

❸最後に砂糖を加え、火を止め、茶漉しを使ってカップに注げば出来上がり。クローブやシナモンを取り出して浮かべてもいい。

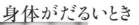

生姜の芥子漬け

身体の炎症を癒し、鼻づまりや咳を鎮めてくれるスパイス漬物

材料（2人分）

スパイス

◎**マスタードシード**……小さじ2

◎**粗挽き唐辛子**……小さじ1/3

◎**ターメリック**……小さじ1/4～1/3

生姜……100g（皮を取り、5ミリくらいの角切りにする）

塩……小さじ約1/3

マスタードオイル……大さじ1（なければキャノーラオイル等一般的なオイルにして、マスタードシードを小さじ3に増量）

レモン果汁……大さじ2

作り方

❶ボウルに生姜、塩、ターメリック、唐辛子を入れ、よく混ぜ合わせたらレモン果汁を加えさらに混ぜる。

❷ミルでマスタードシードを粉砕する。

❸フライパンにマスタードオイルを入れ、一度熱したら②のマスタードを入れすぐに火を止め、よくかき混ぜる。

❹③を①に加えて混ぜ合わせ、15分ほど置いたら出来上がり。残りはガラス製容器などに入れて保存する。時間が経つほど味わい深くなる。冷蔵保存で1ヶ月は持つ。

ジャガイモとトマトのドライカレー

ビタミン豊富なジャガイモにクミンを効かせて元気回復

材料(2人分)

スパイス

◎**クミンシード**……小さじ1/2(なければパウダーのみでも可)

◎**クミンパウダー**……小さじ1/3(パウダーのみの場合は小さじ1/2)

◎**ターメリック**……小さじ1/3

◎**粗挽き唐辛子**……小さじ1/4(好みの量)

ジャガイモ……2個(水洗いして、皮つきのまま3センチくらいの角切りに)
トマト缶……100g(生のトマトでも可)
塩……ひとつまみ　サラダ油……大さじ1
ガーリック……1片(みじん切り)
生姜……小さじ1/2(みじん切り)

作り方

❶フライパンに油(分量外)とクミンシードを入れて、火にかける。小さな泡が出だしたらガーリックを入れ、香りが立ってきたらジャガイモを加えて炒める。
❷半分ほど火が通ったら、クミンパウダー、ターメリック、唐辛子、塩を加えて混ぜる。
❸トマトを加える。ヘラなどを使い、つぶしながら炒める。蓋をして、弱火でじっくりと煮るように加熱する。焦げそうな場合は水を1/2カップ(分量外)加える。
❹仕上げに生姜を加えて混ぜ合わせたら出来上がり。

ブラックライス

体内の毒をやっつけるマスタードと胡椒が決め手!

材料(2人分)

スパイス

◎**マスタードシード**……小さじ1/3
◎**粗挽き黒胡椒**……小さじ1/3
◎**ドライバジルリーフ**……ひとつまみ

炊きたてのご飯……400g(できれば長粒米。なければ日本米でも可)
ブラックオリーブ……8個(みじん切り)
カシューナッツ……大さじ2(ざっくりと切る)
ガーリック……1/2片(みじん切り)
塩……少々
醤油……小さじ1
オリーブオイル……大さじ2

作り方

❶フライパンにオリーブオイルとマスタードシードを入れ火にかける。ぱちぱちと弾けてきたらガーリックを加える。
❷カシューナッツを入れて、色がつきだしたら火を止め、黒胡椒、ブラックオリーブ、塩、醤油を加えて混ぜる。
❸ボウルに炊きたてのご飯と②を合わせ、バジルを加え、混ぜ合わせたら出来上がり。

トマトのペパースープ

たっぷりの胡椒とリコピンで超抗酸化作用を期待！

材料（2人分）

スパイス

◎**カレーリーフ**……3〜4枚
◎**マスタードシード**……小さじ1/2
◎**粗挽き黒胡椒**……小さじ1

ホールトマト……1缶400g
塩……ひとつまみ
レモン果汁……大さじ1
ギー……小さじ1（またはバター小さじ2）
オリーブオイル……小さじ2
生クリーム……大さじ1（なければ牛乳1/4カップほどでも可）
ガーリック……1/3片（みじん切り）
砂糖またはキビ砂糖など……小さじ2

作り方

❶ホールトマトをミキサーにかけ、ペーストにしておく。
❷フライパンにオリーブオイルとギーを入れ、マスタードシードを加えて火にかける。ぱちぱちと弾けてきたら一度火を止め、黒胡椒を加える。
❸ガーリック、カレーリーフを加えて再び火にかける。
❹トマトを加えて混ぜたら、砂糖、塩、レモン果汁を加える。
❺好みのとろみになるまで煮詰めたら、仕上げに生クリームを加えて出来上がり。薄めたいときは水（分量外）を加える。

疲れがピークのときに

サブジクリームのリガトーニ

インドの惣菜をクリーム仕立てに。元気が復活するパスタ

材料（2人分）

スパイス

◎**月桂樹の葉**……1枚
◎**マスタードシード**……小さじ1/3
◎**粗挽き黒胡椒**……小さじ1/3
◎**ターメリック**……少々

リガトーニ……200g
ジャガイモ……1個（2センチの角切り）
シメジ……適量
水……1/4カップほど
生クリーム……1/4カップ
牛乳……1カップ
ガーリック……1/2片（みじん切り）
塩……小さじ1/2
オリーブオイル……大さじ2

作り方

❶フライパンにオリーブオイルと月桂樹の葉、マスタードシードを入れて火にかけ、マスタードシードが弾けてきたら、ガーリックとジャガイモを加えて炒める。
❷別の鍋にたっぷりのお湯を沸かし、リガトーニを茹でる。茹で上がるまでにサブジを作る。①にターメリック、黒胡椒、塩を加え、混ぜたら水を入れ蓋をして中火で煮る。
❸焦がさないように注意しながら、全体に火が通ったら最後にシメジを加え、ざっくりと混ぜる。
❹生クリーム、牛乳を加え、混ぜたら塩味の確認をして、よければ火を止め、そのままにしておく。
❺リガトーニが茹で上がったらざるにあげて水気を切り、④に混ぜたら出来上がり。

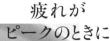

トマトのカレー

ミネラル豊富なココナッツにスパイス勢ぞろいで免疫力UP

材料(2人分)

スパイス

◎**マスタードシード**……小さじ1/2
◎**フェヌグリーク**……小さじ1/4
◎**クミンパウダー**……小さじ1/2
◎**ターメリック**……小さじ1/2
◎**コリアンダー**……小さじ1
◎**粗挽き唐辛子**……小さじ1/5(好みの量)
◎**カスリメティ**……小さじ1(なくてもOK)

タマネギ……1/2個(みじん切り)
トマト……大きめ2個(4等分にする)
ココナッツミルク……1/2カップ
ガーリック……1片(すりおろす)
生姜……10g(すりおろす)
レモン果汁……大さじ1
塩……小さじ1/3〜1/2　水……2カップ　オイル……大さじ2

作り方

❶鍋にオイルとマスタードシードを入れ火にかけてぱちぱちと弾けてきたらフェヌグリークを入れる。
❷タマネギを加えて炒める。半分くらいまで水分がとんだらガーリックと生姜を加える。
❸しばらくしたらクミン、ターメリック、コリアンダー、唐辛子、カスリメティ、塩を入れる。
❹混ぜたら水を2回に分けて加えて煮込む。
❺30分ほど煮込み、オイルが浮いてきたらココナッツミルクとレモン果汁を加え、塩味の確認をする。カレーのベースはこれで出来上がり。
❻食べる直前にトマトを加え、ひと煮立ちしたら出来上がり。

鶏と万願寺のマサラ炒め

ガラムマサラの香りに誘われてタンパク質とビタミンをチャージ

材料（2人分）

スパイス

◎**好みのガラムマサラ**……小さじ1

◎**唐辛子**……2本（種を取り半分か3等分くらいに切る）

◎**フレッシュコリアンダーリーフ**……適量（2、3センチに刻む）

鶏もも肉……1/2枚（皮を取り、一口サイズに切る）

下準備（以下の素材で鶏肉を漬ける）

レモン果汁……小さじ3、酒……大さじ1、塩……少々、片栗粉……小さじ2

万願寺唐辛子……2本（なければピーマン4個ほどを一口サイズに切る）

白ネギ……15センチ（10センチ分は適当な大きさの輪切りに。残りは千切りに）

ガーリック……1片（みじん切り）

生姜……1センチほど（みじん切り）

胡麻油……小さじ1

鶏のフライ用のオイル……適量

●**タレ**（すべて合わせておく）

醤油……小さじ3、酢……小さじ2、水……1/4カップ、砂糖……小さじ2、片栗粉……小さじ1

作り方

❶フライパンにたっぷりのオイルを入れて熱し、漬けておいた鶏肉を揚げる。揚がったら取り出す。

❷同じオイルで万願寺唐辛子と白ネギ（輪切りのほう）を強火でさっと揚げる。

❸オイルを別の容器へ移し、そのフライパンでガーリックと生姜、唐辛子を弱火で炒める。

❹香りが立ってきたら②の万願寺唐辛子と白ネギを戻し入れて炒める。

❺次に①の鶏肉と、ガラムマサラを加えて混ぜる。

❻タレを入れ、片栗粉のあんが全体にまんべんなく絡むように混ぜる。

❼火を止め、胡麻油をたらして混ぜ、器に盛りつけてから白ネギ（千切りのほう）とコリアンダーリーフをトッピングして出来上がり。

チャナパテ

疲れた身体にベジ系タンパク質をチャージ

材料（2人分）

スパイス

◎**月桂樹の葉**……1枚
◎**フェヌグリーク**……小さじ1/2
◎**唐辛子**……1本（種を取る）
◎**マスタードシード**……小さじ1/2
◎**コリアンダーパウダー**……小さじ1/2

カブリチャナ（ひよこ豆）……50g（圧力鍋で柔らかくボイルする）
ホールトマト……150g（ミキサーでペーストにする）
ブラックオリーブ……6個（半分に切る）
ガーリック……1片（みじん切り）
生姜……2センチ（みじん切り）
残り湯もしくは茹で汁……1カップ
オリーブオイル……大さじ1
ギー……小さじ2（またはバター大さじ1）
塩……小さじ1/3〜1/2
バゲット……適量

作り方

❶豆は指でつまんでジャガイモのようにほぐれるようになるまでボイルする。
❷鍋にオリーブオイル、月桂樹の葉、唐辛子、フェヌグリークを入れて熱したらガーリックを加えて炒める。
❸香りが立ったらトマト、生姜の順に加え、半分ほどになるまで煮詰める。
❹コリアンダー、塩を加え混ぜる。味が調ったら火を止めて、置いておく。
❺豆と残り湯もしくは茹で汁1カップを④に入れて、ヘラなどを使って半つぶしにしていく。最後にブラックオリーブを加えざっくりとあえる。
❻フライパンにギーとマスタードシードを入れぱちぱちと弾けてきたら⑤に加え、混ぜ合わせる。バゲットと共に盛りつけて出来上がり。

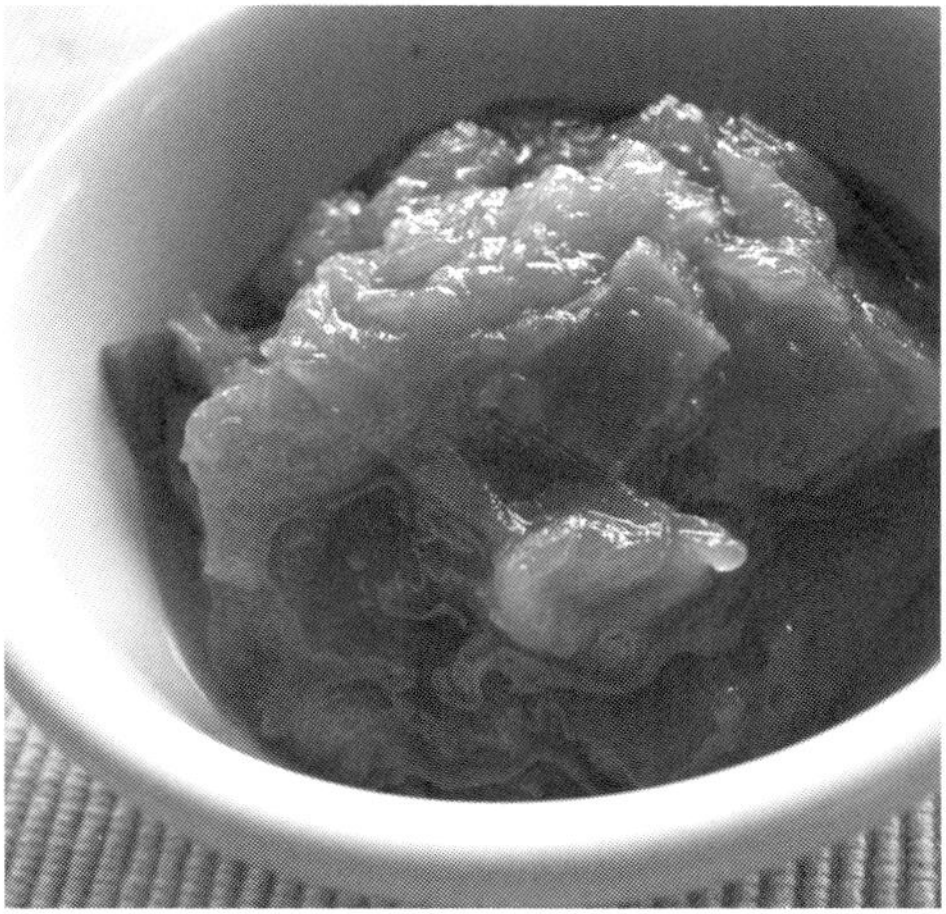

リンゴのスパイスコンポート

シナモンの甘い香りとカルダモンの爽やかさが食欲を呼び覚ます

材料

スパイス

◎**シナモンホール**……3センチ
◎**グリーンカルダモンホール**……2個（割っておく）

リンゴ（紅玉）……2個（いちょう切り）
赤ワイン……60㎖
バター……大さじ1
砂糖またはキビ砂糖……40g

作り方

❶鍋にバターを入れて熱し、スパイスを炒める。
❷小さな泡が出てきたらリンゴ、砂糖を入れる。
❸赤ワインを加え、ヘラなどを使って混ぜ合わせる。
❹沸騰したら火を弱めて蓋をして煮る。
❺時々、蓋を開けてリンゴの火の通り具合を確認し、通っていれば蓋を開けたまま汁気をとばす。
❻煮詰まって汁気がとんだら火を止めて、常温に冷めたら出来上がり。

身体を温めたいときに

豚肉とピーマンの胡椒炒め

簡単ノンベジ。たっぷりの胡椒で内側から力強く温める

材料（2人分）

スパイス

◎**粗挽き黒胡椒**……小さじ2弱
◎**シナモンホール**……2センチ
◎**クローブホール**……3個

豚肉（赤身）……150〜200g（細切り）
ピーマン……4個（種を取り、細切り）
シイタケ……2個（厚めにスライス）
太いもやし……適量（流水で洗う）
醬油……小さじ1/2
片栗粉・水……各小さじ2
塩……小さじ1/3〜1/2
揚げ油……適量
胡麻油……ひとたらし

作り方

❶ボウルに豚肉を入れ、醬油と片栗粉、水を加えてまぶす。
❷フライパンにたっぷりの油を熱し①をほぐすようにして高温で揚げる。
❸揚がったらざるにあげておく。油を別の容器に移す。
❹同じフライパンにシナモンとクローブを入れて弱〜中火で熱する。小さな泡が出てきたらピーマンとシイタケ、もやしを加えさっと炒め、豚肉を加える。
❺すぐに黒胡椒、塩を加えて混ぜる。
❻混ざったら火を止め、胡麻油をひとたらしし、もう一度軽く混ぜたら出来上がり。

インド風ベジヤキソバ

インド人も大好き。ガラムマサラの香りでふんわりと温める

材料（2人分）

スパイス

◎**クミンシード**……小さじ1/4
◎**ガラムマサラ**……小さじ1/3
◎**粗挽き黒胡椒**……小さじ1/4（好みの量）
◎**カスリメティ**……少々（粗く潰したもの。なければ刻んだフレッシュコリアンダーや生姜の千切りなどでも可）

ヤキソバ用麺……2玉
タマネギ……1/4個（厚めにスライス）
ニンジン……適量（細切り）
シシトウ……6本（種を取り細切り）
ガーリック……1/2片（スライス）
トマトケチャップ……小さじ2
塩……ひとつまみ
キャノーラオイル……大さじ1

作り方

❶鍋にたっぷりのお湯を沸かしておく。後ほど、このお湯で麺をボイルする。
❷フライパンに油とクミンシードを入れて火にかける。小さな泡が出てきたら、ガーリックを加えて炒める。
❸香りが立ったらタマネギとニンジンを加えて炒め、半分ほど火が通ったらシシトウも加える。ガラムマサラ、黒胡椒、塩を加えて混ぜ、一度火を止める。
❹①のお湯の中に麺を入れてすぐにお箸でほぐす。表面の油がとれ、麺が温まったらすぐにざるにとり、水気を切って③のフライパンに入れる。
❺再び火にかけ、ケチャップを入れて混ぜる。器に盛り付け、カスリメティをトッピングして出来上がり。

カボチャのシナモンスープ

まったり濃厚スープ。シナモンを効かせて芯からじっくりと温める

材料（2人分）

スパイス

◎**シナモンホール**……3センチくらいを2本
◎**シナモンパウダー**……小さじ1/2
◎**ターメリック**……小さじ1/3

カボチャ……約1/8個150～200g
（皮をむき1、2センチの粗切り）
牛乳……1カップ
水……1/2カップ
砂糖……小さじ1
サラダ油……大さじ1
塩……ひとつまみ

作り方

❶鍋にサラダ油とシナモンホールを加えて火にかける。中火で30秒ほど熱し、シナモンホールから小さな泡が出てきたらカボチャを加えて炒める。
❷シナモンの香りが全体に行き渡ったら、塩、砂糖、ターメリック、シナモンパウダーを入れて混ぜる。
❸水を加えてよく混ぜ合わせたら、蓋をして弱火で煮る。
❹カボチャに火が通ったらヘラなどで粗めにつぶし、牛乳を加えて混ぜ合わせ、ひと煮立ちしたら出来上がり。

お腹の調子を整えたい

ダル大根

ターメリックとコリアンダーと大根はインドでも健胃の黄金パターン

材料(2人分)

スパイス

◎**ターメリック**……小さじ1/3
◎**コリアンダーパウダー**……小さじ1/2
◎**粗挽き黒胡椒**……小さじ1/3

イエロームングダル……50g(15分ほど水につけて流水で2回洗う)
大根……150gほど(1センチの角切り)
タマネギ……50gほど(小～中型の1/4個ほど。粗みじん切り)
ガーリック……1片(おろす)
生姜……小さじ2(みじん切り)
塩……小さじ1/2～2/3ほど(好みの量。なければ他の塩で可)
ギー……小さじ1/2(なければバター小さじ1)
水……2カップ
フレッシュコリアンダーの茎……少々(みじん切り。ネギやパセリで代用可)

作り方

❶圧力鍋にダル、タマネギ、水、塩小さじ1/2、ギーを入れて煮る。沸騰しかけたら蓋をして圧力をかける。
❷豆の形がわからなくなるくらいまで煮たら、ガーリック、大根を加えて混ぜる。
❸スパイスをすべて加えて混ぜ、塩味の調整をする。
❹生姜を加えてさっと混ぜ、器に盛りつけたらフレッシュコリアンダーの茎のみじん切りをトッピングして出来上がり。ご飯にかけて食べてもおいしい。

緑のマカロニ

腹痛や胃が荒れているときはクミンと鉄分豊富なほうれん草で

材料（2人分）

スパイス

◎**クミンシード**……小さじ1/2

◎**クミンパウダー**……小さじ1/2

◎**コリアンダーパウダー**……小さじ1/2

◆緑のソース

ほうれん草……約150g（根を切り落とし流水で洗う）

ガーリック……1片（おろす）

生姜……15gほど（おろす）

塩……小さじ1/3〜1/2

オリーブオイル……大さじ2

レモン果汁……小さじ1

マカロニ……適量（茹でておく）

パパド＊（ペッパー味）……1枚（半分に切って炙っておく）＊ない場合は粉チーズ少々

作り方

❶ほうれん草を色よくボイルして、フードプロセッサーでペースト状にする。

❷鍋にオイルとクミンシードを入れて火にかける。

❸クミンシードから小さな泡が出だしたらガーリックを入れ、香りが立ったらほうれん草、生姜を加え炒める。

❹塩、クミンパウダー、コリアンダーパウダー、レモン果汁を加え、よく混ぜる。

❺④にマカロニを加えてあえ、粉チーズを振り、ざっくりと混ぜる。

❻器に移し、上からパパドを割って振りかけたら出来上がり。

キノコのココナッツクリーム煮

消化促進と便秘予防のアジョワンと、胃痛を癒すココナッツの最強コンビ

材料（2人分）

スパイス

◎**アジョワンシード**……小さじ1/3
◎**コリアンダーパウダー**……小さじ1
◎**白胡椒パウダー**……小さじ1/2（好みの量）
◎**フェヌグリークパウダー**……小さじ1/2

シメジ……1/2くらい
エリンギ……2本くらい（食べやすい大きさに切る）
シイタケ……4～5個（4等分に切る）
ブロッコリーのスプラウト……適量（なければカイワレ大根などで可）
ココナッツミルク……1カップ
牛乳……1カップ
ガーリック……2片（スライス）
塩……小さじ1/3～1/2
ギー……小さじ2（またはバター大さじ1）
レモン果汁……小さじ1　バゲット……適量

作り方

❶フライパンにギー（バター）と、アジョワンシードを入れて火にかける。
❷小さな泡が出てきたらガーリックを入れ、香りが立ってきたらキノコ類を加えて炒める。
❸コリアンダー、フェヌグリーク、白胡椒、塩小さじ1/3、レモン果汁を加え、混ぜる。
❹牛乳とココナッツミルクを加えて混ぜる。吹きこぼれやすいので注意しながら中火で煮る。
❺塩味を調えて器に移し、スプラウトをトッピングし、バゲットを添えて出来上がり。

心を
整えたいときに

健やかグリーンソース

どんなときも心を安定させてくれるカルダモンとコリアンダー

材料（2人分）

スパイス

◎**グリーンカルダモンパウダー**……小さじ1/3

◎**コリアンダーパウダー**……小さじ1/3

◎**ポピーシード**……小さじ1/3（なくても可）

◎**粗挽き黒胡椒**……小さじ1/3（好みの量）

フレッシュコリアンダーリーフ……1袋（20～30g程度）

ヨーグルト……50g

レモン……小さじ1

塩……ひとつまみ

作り方

❶フレッシュコリアンダーは水洗いしてから1、2センチ幅に切る。

❷ミキサーなどに材料のすべてを入れミキシングする。

❸ペースト状になったら出来上がり。肉や魚介のグリル、スーパーで売っているような揚げものともよく合う。

（つける量によるがだいたい4、5回分になる。冷蔵庫で3日くらいしかもたないし、香りがポイントなのでとにかく早く食べきりたい）

マジックペパーマッシュルーム

胡椒には何事にもやる気がわいてくる作用もあるという説を信じて

材料（1皿分）

スパイス

◎**粗挽き黒胡椒**……小さじ1/2ほど（好みの量）
◎**マスタードシード**……小さじ1/3
◎**フェヌグリークパウダー**……小さじ1/4（なければシードを煎ってから粉砕）
◎**バジルチップ**……少々

フレッシュマッシュルーム（白）……中型7〜8個（水洗いしておく。缶詰でも可能）
パン……適量（1センチほどの角切り）
牛乳……1/2カップ
胡桃……20g（なければカシューナッツやピーナッツでも可）
塩……ひとつまみ
ガーリック……1/2片（スライス）
オリーブオイル……大さじ1

作り方

❶鍋にオイルとマスタードシードを入れて火にかけ蓋をする。ぱちぱちと弾けてきたら火を止め、ガーリックを入れ、蓋をせず弱火でじっくりと炒める。
❷ガーリックの香りが立ったらフェヌグリークと黒胡椒、マッシュルーム、塩を入れて中火で炒める。火が通ったら火を止める。
❸ミキサーに胡桃と牛乳を入れて、胡桃が粗潰しになるように軽くミキシングする。
❹②に③を加え、再び火にかけ、1分ほど煮る。火を止めてからバジルチップを振りかけて、ざっくりと混ぜたら器に移し、上からパンをのせてオーブンにかける。
❺パンがキツネ色に焼けたら出来上がり。クリームとマッシュルームを混ぜながら食べる。

田楽ジェノベーゼ

バジルと青紫蘇のアロマが重たい気分を軽くしてくれる

材料（2人分）

スパイス

◎**スイートバジル**……1パック（10～15gほど）

◎**青紫蘇……2枚**

◎**マスタードシード**……小さじ1/4

◎**粗挽き黒胡椒**……少々

もめん豆腐……適量（軽く水切りをしてから食べやすい大きさに切っておく）

ガーリック……1/2片（みじん切り）

塩……少々

レモン果汁……小さじ2

オリーブオイル……大さじ2

カシューナッツ……大さじ1（包丁で粗みじん切り）

タマネギ……少々（粗みじん切り）

パプリカ……少々（粗みじん切り）

作り方

❶鍋にオイルとマスタードシードを入れ火にかける。ぱちぱちと弾けてきたらすぐに火を弱めてガーリックを炒める。

❷香りが立ってきたら火を止め、黒胡椒、塩、レモン果汁を加え混ぜ、常温で冷ます。

❸フードプロセッサーなどでバジル、青紫蘇、カシューナッツ、②を入れペースト状にする。

❹豆腐を網に載せて直火で焼く。焦げ目が付くほどまで焼いたら裏側も同様に焼く。網に油（分量外）を塗っておくとくっつきにくい。

❺焼けたら皿に移して、③のソースを塗り、タマネギやパプリカをトッピングしたら出来上がり。

（香りがポイントなので早く食べきりたい。残ったらトーストやパスタに、カレーの隠し味にもなる）

毎日でも飲める簡単ハーブティー。
ミント+フェンネルの組合せで爽快感アップ

デイリーミントティー

材料（2杯分）

スパイス

◎**ドライペパーミント**……小さじ1/2
◎**フェンネルシード**……小さじ1/2（乳鉢などで粗潰しにする）
◎**フレッシュミント**……5本（スペアミントでOK）

水……2カップ
砂糖またはキビ砂糖……小さじ1
レモン果汁……小さじ1/2

作り方

❶鍋にフェンネルシード、ドライミント、フレッシュミント3本、水を入れて沸かす。
❷2、3分煮たら火を止め、砂糖とレモン果汁を入れる。
❸カップに注ぎ入れ、残りのフレッシュミントを1本ずつ入れて出来上がり。

頭をすっきりとさせ集中力を
上げる茗荷のスパイス漬け

茗荷のアチャール

材料（2〜3人前）

スパイス

◎**マスタードシード**……小さじ1/2（ミルで粉砕。または乳鉢でつぶす）
◎**白ゴマ**……小さじ1/2（すり鉢などで粗潰しにする。乳鉢でも可能）
◎**グリーンカルダモンパウダー……少々**
◎**唐辛子パウダー……少々（好みで）**

茗荷……3〜4つ（縦に半分に切ってから横にスライスする）
レモン果汁……小さじ1
塩……ひとつまみ

作り方

❶ボウルに茗荷とすべての材料を入れて混ぜたら出来上がり。

デトックス したいときに

スプーンで食べる赤いサラダ

レッドペパーで新陳代謝を促し、ヨーグルトで体内の老廃物を取り除く

材料（2人分）

スパイス

◎**パプリカ**……小さじ1/2
◎**クミンパウダー**……小さじ1/4
◎**レッドペパーパウダー**……少々

タマネギ……1/2個（1センチの角切り）
生トマト……1個（1センチの角切り）
キュウリ……1本（1センチの角切り）
カシューナッツ……大さじ1（1センチ幅に切る）
ヨーグルト……大さじ4
レモン果汁……大さじ1
オリーブオイル……大さじ1
塩……少々

作り方

❶フライパンにオイルとカシューナッツを入れて加熱する。中火でこんがりと香ばしくなるように炒める。薄くキツネ色になったら火を止める。
❷ボウルにタマネギ、キュウリ、塩、レモン果汁、スパイスのすべてを入れて混ぜる。
❸生トマト、ヨーグルト、①を加えて混ぜたら出来上がり。

蒸し野菜とスパイシーディップ

**たっぷりの野菜を
スパイスと野菜のソースで**

材料

◆トマト味

スパイス

◎**マスタードシード**……小さじ1
◎**フェンネル**……ひとつまみ

ホールトマト……70g（ミキサーでペーストにする。好みでフレッシュトマトも可）
ガーリック……1片（みじん切り）
砂糖またはキビ砂糖……約10g（小さじ3くらい。好みの量）
ワインビネガー……30㎖
オリーブオイル……1/4カップ
塩……少々

◆バジル味

スパイス

◎**マスタードシード**……小さじ1/2
◎**粗挽き黒胡椒**……少々（好みの量）
◎**グリーンカルダモンパウダー**……少々

バジル……20gほど（流水で洗った後、適当な大きさにちぎる）
ガーリック……1片（みじん切り）
ピーナッツ……10g
ワインビネガー……1/5カップ
砂糖またはキビ砂糖……小さじ2
オリーブオイル……大さじ2
塩……少々

◆蒸し野菜

※2人分。火の通りの時間がかかるものは小さいサイズに切るか、蒸す際、先に入れる
タマネギ……1/2個
カボチャ……適量
マイタケ……適量
ニンジン……1/2本
ピーマン……1個
ジャガイモ……1個

作り方

❶まずトマト味から作る。鍋にオイルとマスタードシード、ガーリックを入れ蓋をして加熱する。ぱちぱちと弾けてきたらフェンネルを加える。
❷蓋を取り、トマトを入れて混ぜたら、砂糖を加える。
❸塩、ビネガーを加え、混ぜたら火を止める。容器に移し冷水につけて冷ます。
❹バジル味を作る。鍋にオイルとマスタードシード、ガーリックを入れ蓋をして加熱する。ぱちぱちと弾けてきたら火を止める。
❺フードプロセッサーなどにバジル、砂糖、ビネガー、ピーナッツ、黒胡椒、カルダモン、④を入れてペースト状にする。できたら別の容器に移してトマト味と同じように冷水で冷ます。
❻野菜を蒸す。蒸し上がったら皿に盛りつけ、ディップを添えて出来上がり。

オクラクリーム

ミネラルや食物繊維が豊富なココナッツと抗酸化スパイスの合わせ技

材料（2人分）

スパイス

◎**マスタードシード**……小さじ1/3
◎**フェヌグリークパウダー**……小さじ1/4
◎**グリーンカルダモンパウダー**……小さじ1/4
◎**粗挽き黒胡椒**……少々
◎**カレーリーフ**……4枚

オクラ……100gほど（撮影時は12本）
ココナッツミルク……100g
レモン果汁……小さじ1
ガーリック……1/2片（みじん切り）
塩……小さじ約1/3
オリーブオイル……小さじ2

作り方

❶鍋にオイルとマスタードシードを入れ蓋をしてから加熱する。ぱちぱちと弾けてきたら火を止め、カレーリーフとガーリックを加え、再び蓋をして火にかける。
❷オイルに香りが移ったら、ココナッツミルク、フェヌグリーク、カルダモン、黒胡椒、塩、レモン果汁を加え、よく混ぜたら火を止め、常温に冷ます。
❸オクラを茹でる。3カップのお湯に塩小さじ1/3（分量外）を入れて、箸で回しながら茹でる。ガクは取らなくてもいい。
❹2分ほど茹でたら冷水にあげる。冷めたらヘタを取り、3等分に切る。
❺器に冷めた②を入れて、オクラを盛りつけたら出来上がり。

魚のスピードカレー

共に魔除け伝説のあるバジルとフェンネルで心もデトックス

材料(2人分)

スパイス

◎**マスタードシード**……小さじ1/3

◎**フェンネルシード**……小さじ1/2

◎**好みのカレー粉**(**P28〜29**)……小さじ1/2

◎**ターメリック**……少々

魚……2切れ(撮影時はブリの切り身160g)

タマネギ……1/4個(適当な大きさに乱切り)

パプリカ……1/4個(適当な大きさに乱切り)

シシトウ……4本(幅2センチくらいの輪切り)

塩……小さじ1/3

レモン果汁……30㎖

ココナッツミルク……3/4カップ

水……3/4カップ

砂糖……小さじ2

ガーリック……1片(みじん切り)

生姜……適量(千切り)

オリーブオイル……大さじ1

作り方

❶魚の切り身に骨が残っている場合は取り除き、ターメリックとレモン果汁をかけ、2、3回返しながら置いておく。

❷鍋にオイルとマスタードシードを入れ、蓋をしてから加熱する。ぱちぱちと弾けてきたらガーリック、フェンネル、野菜の順に加えて炒める。

❸野菜に5割ほど火が通ったら魚を加えて混ぜる。

❹砂糖、塩、好みのカレー粉を加えて混ぜる。

❺水を加えてひと煮立ちしたら、ココナッツミルクを加える。

❻再びひと煮立ちしたところで、塩味の確認をして、生姜、バジルを加え、さっと混ぜたら出来上がり。

インドどんぶり

ボリューム感あり、でも消化促進でさっぱり。インド人のまかないパターン

材料（2人分）

カレーの残り……適量
ヨーグルト……大さじ3（好みの量で）
ピックル（インドの辛い漬物）……大さじ1（何種類かあるが写真はミックスを包丁で少し刻んだもの）
ご飯……適量（写真はバスマティライスを使用）

作り方

❶器にご飯をよそい、上からカレー、ヨーグルト、ピックルを盛りつけ、かき混ぜながら食べる。

生活習慣病対策

そぼろマサラのレタス包み

こってり中華のようで、実際はオイル少なめのヘルシースパイス系

材料(2人分)

スパイス

◎**クミンシード**……小さじ1/2
◎**ガラムマサラ**……小さじ2
◎**ターメリック**……小さじ1/2
◎**粗挽き黒胡椒**……少々

タマネギ……1/2個(1センチ角に切る)
ピーマン……2個(1センチ角に切る)
白ネギ……10センチほど(1センチ幅に切る)
鶏もも挽肉……170g
カシューナッツ……50g(1センチほどに刻む)
レタス……1/2個(葉を洗い、水気を切る)
レモン果汁……15㎖程度
砂糖……小さじ2
味噌……小さじ1(大さじ1の水で溶いておく。好みのものでいいが撮影時は信州あわせ味噌を使用)
太白胡麻油……大さじ1
ガーリック……1片(みじん切り)
生姜……小さじ1(みじん切り)　塩……少々

作り方

❶フライパンに太白胡麻油、クミンシードを入れて加熱する。小さな泡が出だしたらガーリックを炒め、香りが立ってきたらカシューナッツを入れる。
❷ナッツに色がつきだしたら挽肉を加え、ヘラなどでほぐしながら炒める。
❸5割ほど火が通ったらタマネギとピーマン、生姜、砂糖、味噌を加えざっくりと混ぜる。
❹ターメリック、ガラムマサラ、黒胡椒、塩、白ネギを加え混ぜる。
❺白ネギが艶やかになったらレモン果汁を加えてざっくりと混ぜ、火を止める。
❻レタスと共に器に盛りつける。

大人のチキンボール

やっぱり肉を食べたいからクミンや紫蘇、胡麻でコレステロール対策

材料(2～3人分)

スパイス

◎**クミンシード**……小さじ1/2
◎**粗挽き黒胡椒**……小さじ2/3～1
(好みの量)
◎**白胡麻**……小さじ2(粗めにすり潰す)
◎**ターメリック**……少々
◎**青紫蘇**……5枚(粗みじん切り)
◎**塩・椒・椒**……小さじ約1/2

鶏むね挽肉……200～250g
卵……1個
片栗粉……小さじ2
ガーリック……1片(おろす)
生姜……10g(おろす)
塩……小さじ1/3～1/2
太白胡麻油……大さじ1
フライ用の油……適量

作り方

❶ボウルに鶏むね挽肉、卵、青紫蘇、片栗粉、ガーリック、生姜、塩、白胡麻、黒胡椒、ターメリックを入れてざっくりとこねる。
❷フライパンに太白胡麻油とクミンシードを入れて加熱し、小さな泡が出てきたら粗熱を取り、①のボウルに入れてこねる。たまにボウルの内側に叩きつけるなどして肉に粘りが出てくるまで。
❸鍋にたっぷりの油を入れて熱し、肉をボール状にして揚げていく。カレー用のスプーンなどを使うとやりやすい。
❹揚がったらざるなどに取り、油をよく切ったら出来上がり。塩・椒・椒と共に盛りつける。

インド風ウェット&ドライな野菜カレー

たくさんの野菜をワイルドにおいしく、本格的な味わいを楽しむ!

材料(2人分)

スパイス

◎**アジョワンシード**……小さじ1/3

◎**好みのカレー粉**(**P28〜29**)……小さじ1

◎**唐辛子**……1本(ヘタと種を取り除いておく)

ジャガイモ……300gくらいの中型3個(1辺が2センチくらいの粗切り。3分ほど水に漬けておく)

ニンジン……100gくらいの小さめの1本(ジャガイモよりやや小さめに粗切り)

シシトウ……6〜7本(ヘタを取って1センチほどの輪切り)

ガーリック……1片(おろす)

生姜……10gくらい(千切り)

塩……小さじ1/3〜1/2

水……1カップ〜1と1/4カップ

サラダ油……大さじ1

作り方

❶鍋に油とアジョワンシード、唐辛子を入れて加熱する。

❷アジョワンシードから小さな泡が出てきたらニンジンとガーリックを入れて炒める。

❸香りが立ったらジャガイモを加え混ぜる。蓋をして蒸すようにして火を入れる。焦げないように弱〜中火で。焦げそうなら水を1/2カップほど加える。

❹5割ほど火が通ったら、塩とカレー粉、シシトウを入れて混ぜる。水をさらに1/2カップほど加え、再び蓋をして5分ほど煮る。

❺蓋を開けて中身を混ぜながら、ジャガイモがしっとりしているかをチェックする。とろみが足りないようなら水をさらに加える。

❻ジャガイモの角が崩れて、ニンジンが柔らかくなり、とろみが出ていたら火を止め、器に盛りつける。生姜の千切りをトッピングしたら出来上がり。

乗り物酔い、悪酔い、二日酔い対策

煮込みチキンのコリアンダーリーフ和え

コリアンダーと生姜で嫌な酔いをシャットアウト

材料（2人分）

スパイス

◎**クミンシード**……小さじ1/2
◎**シナモンホール**……3センチ
◎**クローブ**……2個
◎**フェンネル**……小さじ1/3
◎**唐辛子**……1本（ヘタを切り種を捨てる）
◎**好みのカレー粉（P28〜29）**……小さじ2
◎**フレッシュコリアンダーリーフ**……1/2袋（約20gを粗みじん切り）

鶏の骨つき手羽元肉……6本（皮をむく）
タマネギ……100g（中型/2個。ペーストにする）
ホールトマト……200g（ペーストにする）
ヨーグルト……30g
ガーリック……1片（おろす）
生姜……15g（おろす）
レモン果汁……小さじ1
塩……小さじ1/2
水……1カップ
サラダ油……大さじ1

作り方

❶鶏肉にレモン、ヨーグルト、塩小さじ1/4、カレー粉小さじ1/2を入れて混ぜ合わせ、30分ほど漬ける。
❷鍋に油とクミン、シナモン、クローブ、フェンネル、唐辛子を入れ中火で加熱する。小さな泡が出だしたらタマネギ、塩小さじ1/4を加え、2/3くらいの量になるまで炒める。
❸トマト、ガーリック、生姜を入れてさらに炒める。
❹再び2/3ほどの量になったら①の鶏肉とカレー粉の残りを加え、よく混ぜてから水も加える。中火で20分ほど煮込む。
❺鶏肉が柔らかくなったら一度ボウルに取り出し、残ったソースをさらに煮詰め、濃いとろみがついたらコリアンダーリーフを混ぜる。
❻取り出しておいた鶏肉を戻し、ソースをからめて皿に盛りつける。

フローズンジンジャーヨーグルト

二日酔いの心配なし。ありそうでなかったスパイスカクテル

材料(2人分)

スパイス

◎**フレッシュミント**……適量(できればペパーミントを。なければスペアミントでも可)

ヨーグルト……40g
ヨーグルトリキュール……30㎖(なければホワイトラム、ウォッカなどで代用可。その場合は砂糖を多めにする)
砂糖、またはキビ砂糖……小さじ1と1/2
氷……100gほど(大きめ3個くらい)
生姜絞り汁……小さじ1

作り方

❶ミキサーにミント4〜5枚と他の材料のすべてを入れてフローズン状になるようにミキシングしたら出来上がり。

スパイスミックスジュース

ターメリック、カルダモン、生姜。実は3つともショウガ科

材料（2人分）

◎**ターメリック**……小さじ1/5〜1/4
（粉っぽくなったり、少し苦みが出ることがあるので。量は控えめが無難）

◎**グリーンカルダモンパウダー**……
少々（香りのために仕上げに振りかけるだけ）

パイン……1枚（缶詰）
桜桃……1/2個（缶詰）
バナナ……1/2本
ヨーグルト……100g
生姜絞り汁……小さじ1
砂糖またはキビ砂糖……小さじ1
氷……30gくらい

作り方

❶ミキサーにグリーンカルダモンパウダー以外の材料のすべてを入れてミキシング。

❷よく混ざったらコップに移し、上からグリーンカルダモンパウダーを振りかけて出来上がり。

COLUMN.4

スパイス、その他の食材、食器などのショップ

僕が実際に利用してきた中で、信頼のできる企業やショップ、農家を紹介。

○コウベグロサーズ本店
輸入スパイス、その他の食料品豊富。

兵庫県神戸市中央区中山手通2-19-2
TEL 078-221-2838

○インディア・スパイス(ジュンコ貿易)
インド系スパイス、その他の食品一式の輸入販売(業務用、小売)。日本語可。

http://www.india-spice.com
兵庫県神戸市中央区山本通2-14-22 プレジデントコート2F「インドバザール」内
TEL 078-271-1077

○インドスパイス
日本で最も歴史のあるインド系スパイス輸入卸専門企業。業務用卸売のみ。

兵庫県神戸市灘区灘南通り4-3-1 1F
TEL 078-802-0762

○サルタージ
インド系輸入スパイス&食品の小売りと卸。

http://sartajfoods.jp
大阪府池田市神田2-10-23
TEL 072-751-1975

○ビスワス
インド系スパイス、その他の食品一式の輸入販売(業務用、小売)。日本語可。オリジナル商品多数あり。

大阪府豊中市服部西町2-2-21
TEL 06-4866-5888

○大原農園(沖縄本島)
バジル、レモングラス、ローズマリー、ミント、他各種フレッシュハーブを生産。

業務用販売のみ応相談。問い合わせはメールで。
oohr@herb.okinawa.jp

○アンビカオンラインショップ
インド系輸入スパイス&食品の小売りと卸。

http://www.ambikajapan.com/jp
東京都台東区蔵前3-19-2 アンビカハウス「アンビカマサラショップ」
TEL 03-6908-8077

○トゥルーナチュラル
アーユルヴェーダ、他オーガニック食品、ケア用品、スリランカ産スパイスの輸入販売(業務用、小売)。

http://www.truenatural.jp
東京都中央区明石町11-15ミキジ明石町ビル　TEL 03-6278-8490

○アジアハンター
南アジア一帯の食器、調理器具、料理本など幅広く輸入販売。

http://www.asiahunter.com

○KURATA PEPPER
世界唯一のオーガニック胡椒専門企業。赤完熟の黒胡椒「ライプペッパー」は特に秀逸。オンラインショップにて入手可能。

http://www.kuratapepper.com/index.html

○オーガニックファームHARA
世界一辛いと言われる「キャロライナリーパー」をはじめ、オーガニックレッドペパーを中心に、生産、加工、販売まで行う。

http://organicfarm-hara.com

○山岡(竹添)生姜農園(高知県)
生姜をキロ単位で出荷可能。

業務用販売は応相談。
090-5711-4863

○刈谷農園(高知県)
三代続く根菜農家。上質な生姜の栽培と加工を手掛ける。

http://kariya716.com

おわりに

最後になったが『スパイスジャーナル』について少し語っておきたい。これは僕が主宰した雑誌で、世界初のバイリンガル・スパイス専門誌などと大層な評価をいただいていたが、実際にはＡ５判の当時としては異例のミニサイズ。一見マニアックに見えて、スパイスの解説、レシピ、旅、ヨーガ、漫画、科学などをわかりやすく伝えるために、とにかくリアリティにこだわったカジュアルな雑誌風の本だった。

創刊の理由は、それまで排他的だったインドやカレーのイメージの払拭と、不況と叫ばれる中で、何か事を起こすことで活路が開けるかもしれないと思ったからである。

２０１０年３月から２０１５年１月までの満５年間で全18巻を発行した。８号までは中綴じの32～48ページで売価が３０９円～４１１円。９号以降は68ページの無線綴じで６４８円。定期購読のスタイルも斬新だと言われた。オリジナルのブレンドスパイスやお客の好みに応じて配合したスパイスを付録にするなど、とにかくリアルなスパイス生活を提案した。やがて書店や雑貨店などとのご縁にも恵まれ、販路は徐々に拡大していった。最初はキワモノ扱いだったが徐々に評判が上がり、メディアも注目してくれて、テレビやラジオにも呼んでいただき、なんだかスパイスブームが起こりそうな気配が濃厚に。が、3年目の9号発行後にコスト計算してみたら、完売しても赤字であることが発覚。やはり広くからの広告募集が不可欠という結論に至るも、当誌の屋台骨であるリアルと広告の整合性がどうしても見いだせない。結局、他で働きながら資金を注ぎ込むという自転車操業になってしまった。スパイスは溢れるほどあるのに、ゲンキンはいつもからっけつ。

そんな2014年のある日のこと。ひょんなことで幻冬舎の編集者、大野里枝子さんと出会い、たまたま僕がもっていた当誌を見てこんな風に話した。

「なんですか、これ。カレーでもインド料理でもなく、まだマイナーだったスパイスという言葉を看板にしたところが面白い。レシピの栄養評価も、椅子に座ってできるヨーガとか、完全バイリンガル、スパイスの付録も、これほど斬新さが詰まった本を見たことがない。この総集編みたいのをうちから出しましょうよ。企画出していいですか」

まさかの言葉に、僕は天井に頭をぶつけそうなほど大喜び。ここまでわかってくれる人がいるなんて、今日までやってきてよかった。酔いもあってか、帰路は思わず一人泣き。よし、これからもっともっといい本をたくさん作るぞ、と思った瞬間、家族に異変が起こる。まず、カミさんが今度は大腿骨を故障。杖が離せなくなり、手術が不可欠と診断されるが、仕事もあるためすぐにはできず、僕が送り迎えや犬の世話、買いものや台所の当番となる。そして、同時におふくろが若い頃に骨折した背骨が歪み、歩行困難になったと思いきや認知症を発症してしまった。片道1時間を、多いときは週に3回のペースで通い、買い物や料理を僕がするようになった。本作りがいよいよ厳しい状況となり、断腸の思いで休刊を決めた。悲喜交々の波に揉まれたような1年であった。

しかし、これらのことが却って僕の中のスパイススピリットに火をつける。いつもイライラして切れまくるカミさんにはシナモンやグリーンカルダモンで応戦。おふくろにはターメリックを多用し、脳の再活性化を夢見る。そして、たまたま知人のネパール人が帰郷するというので、カミさんからしばし留守の許しを請い、スパイス探検の旅に出かける。山中に分け入り自生するスパイスを調べたり、それらを実際に使う人々の暮らしを見せてもらったり。ネパールの伝統民間薬であるサンチョウの本社の取締役や、アーユルヴェーダ薬局の薬剤師からもたくさん話を伺った。また、２０１７年にはインドの友人と共にラジャスターンへ冒険に。気温45度の炎天下で、レッドペパーを摂取すると涼しくなることを生まれてはじめて体感。辛いものは苦手だったのに、これ以来好きになった。ステイしたのは人一倍健康に気をつかうヒンディー系の（乳製品のみ食べる）ラクトベジタリアンのお宅。それまでスパイス健康術は家伝あってこそと思っていたが、毎朝通う寺院で主婦間においても情報交換されていたことを目の当たりにする。なるほど、どうりで宗派によっても使い方に多少の違いがあったわけだ。

このような日々を送るうちに、気が付けば本の立案から早くも3年以上が経っていた。

手付かずのまま散らかり放題の素材を、ずばっとびしっとミラクル編集してくれたのは幻冬舎の三宅花奈さんと黒川美聡さんだ。お二人のおかげで、ようやく日の目を見ることができた。

本書は『スパイスジャーナル』の人気コンテンツのいくつかを再編集し、なおかつ書き切れなかったことや新たな見聞も加えた拡大版である。

『スパイスジャーナル』の愛読者様には、今までの感謝を申し上げると同時に、再会できたことが嬉しくてたまらない。そして本書を機に新たにご縁のあった皆様とは、「ＧＯＯＤ　ＦＯＲ　ＨＥＡＬＴＨ！」を合言葉に、またどこかでお会いできれば幸いである。

〈参考文献〉

『スパイスの歴史』山田憲太郎 著（法政大学出版局）

『スパイスの話』斎藤 浩 著（柴田書店）

『漢方薬のすべて』藤平 健　著　（主婦の友社）

『東南アジアの野菜、ハーブ、スパイス』
田中良高　編著　（農業開発教育基金）

『身体にやさしいインド』伊藤 武　著　（講談社）

『琉球薬草誌』下地清吉　著　（琉球書房）

『Home Doctor』Dr P.S. Phadke（ROLI BOOKS）

『絵でみる和漢診療学』寺澤捷年　著　（医学書院）

〈ご協力いただいたみなさま〉

※数字は本文中＊に対応

1ジャヌカ・バスコタさん（主婦。ネパール・カトマンズ市街地から30キロほど北西へ行った山中で川魚レストランと宿を経営）／2ラタ・デーブさん（インド西部グジャラート出身の主婦。現在、大阪市淀川区のインド料理『カジャナ』経営）／3アリムル・シャイクさん（インド東部コルカタ出身。チェンナイやバンガロールの各ホテルの厨房勤務を経て現在、吹田市のインド料理『カレーリーフ』シェフ）／4近畿大学薬学部（『スパイスジャーナル』人気コーナー『スパイス宇宙の旅』では毎回、同学部准教授薬学博士の多賀 淳さんとカワムラが共にスパイスの謎に迫る）／5片倉昇さん（元、世界の旅人。現在、大阪市福島区の『亜州食堂チョウク』オーナーシェフ）／6ランジ・ペレラさん（スリランカ出身。現在、大阪市中央区『セイロンカリー』シェフ）／7プジャ・バスナートさん（ネパール・カトマンズ在住。3人の小さな子供を持つ若い主婦）／8田淵雅圭さん（台湾出身の母と日本人の父を持つ。パクチー料理専門店『GoGoパクチー』『ちー坊のタンタン麺』オーナーシェフ）／9与那国島の皆さん（スミ子さんご一家、農協の方々、農協前に集結している皆々様、沖縄県農業改良普及課など）／10高見哲史さん（中国遼寧省生まれ。中国人の母と日本人の父を持つ。薬剤師。現在、薬局勤務）／11カストゥリ・ラマクリシュナさん（インド南部バンガロール在住。アーユルヴェーダを代々続ける家の貴婦人）／

12ビシュヌ・サプコタさん（ネパール西部ダウラギリ出身。現在、大阪府高槻市の『カトマンドゥカリーPUJA』シェフ）／13アニー・ダーニングさん（カナダ・オンタリオ在住の主婦。日本に3年在住経験あり。『THALI』の元常連客）／14楊鈴君さん（中国料理研究家・フードプランナー）／15松本比菜さん（中国政府認定の国際中医師。北海道札幌市で『まつもと漢方堂』経営）／16ネパールの有名な伝統薬メーカー、ハーブプロダクションHPPCLの皆さん／17本沢みつ代さん（インドへ足繁く通いアーユルヴェーダを受診したり講義を受けたりしている。『スパイスジャーナル』の人気コーナー『ヨーガは心のスパイスです』のヨーガ講師）／18堀内マキコさん（『スパイスジャーナル』の人気コーナー漫画『堀チキ、愛の劇場』をご主人の浩樹さんと共に担当。大阪市阿倍野区でアジア食堂『堀内チキンライス』を夫妻で営む）／19大原大幸さん（沖縄県南城市でハーブ農園『大原農園』経営。本業は西洋ハーブがメイン。アジアンハーブは趣味や研究用）／20徳山浩明さん（天然のワサビや山椒など自ら採取にいく。滋賀県長浜市余呉町にて料理宿『徳山鮓』を営む）／その他数多くの南アジア人、欧米人、日本人の皆さん。

『スパイスジャーナル』編集部……河宮拓朗、宮川アキラ、小村祥子（主婦。管理栄養士）、アレックス・マーンズ（翻訳。アメリカ）、ニック・マスティとマリコ（翻訳。イギリス）

◉写真・文　カワムラケンジ

1965年大阪生まれ。多岐にわたる飲食現場を経験し、20代後半から執筆活動を開始。とくにスパイスに興味を持ち、1980年代に本格的な研究をはじめる。スパイスの真髄に触れ、1998年にインド料理店「THALI」を開業。本格的なインド料理とクリエイティブな才能を活かし人気を博す。2010年、世界で初のバイリンガル・スパイス専門誌『スパイスジャーナル』を創刊（2015年1月まで）。薬学博士、薬剤師、管理栄養士、ヨーガ講師たちと共に、多角的なスパイス研究に取り組む。スパイスをテーマにしたレシピ開発や取材をはじめ、雑誌やTV番組への出演も多数。著書に『絶対おいしいスパイスレシピ』（木楽舎）がある。公式ホームページ http://kawamurakenji.net/

◉装丁・本文デザイン　望月昭秀（NILSON）

本書は、『スパイスジャーナル』全18巻の記事から再構成し、書き下ろしを加えたものです。

おいしい&ヘルシー！
はじめてのスパイスブック
2018年6月20日　第1刷発行

著者	カワムラケンジ
発行者	見城 徹
発行所	株式会社 幻冬舎
	〒151-0051 東京都渋谷区千駄ヶ谷4-9-7
電話	03-5411-6211（編集）
	03-5411-6222（営業）
	振替 00120-8-767643

印刷・製本所	中央精版印刷株式会社

検印廃止

ISBN978-4-344-03307-8 C0077
幻冬舎ホームページアドレス　http://www.gentosha.co.jp/
この本に関するご意見・ご感想をメールでお寄せいただく場合は、
comment@gentosha.co.jp まで